Mabrouk Zemzemi

Nano-indentation et matière utra-dure

AF209932

Mabrouk Zemzemi

Nano-indentation et matière utra-dure

Propriétés mécaniques d'une nano-couche de silicium. Étude des polymorphes et des composés binaires de l'osmium

Presses Académiques Francophones

Impressum / Mentions légales

Bibliografische Information der Deutschen Nationalbibliothek: Die Deutsche Nationalbibliothek verzeichnet diese Publikation in der Deutschen Nationalbibliografie; detaillierte bibliografische Daten sind im Internet über http://dnb.d-nb.de abrufbar.
Alle in diesem Buch genannten Marken und Produktnamen unterliegen warenzeichen-, marken- oder patentrechtlichem Schutz bzw. sind Warenzeichen oder eingetragene Warenzeichen der jeweiligen Inhaber. Die Wiedergabe von Marken, Produktnamen, Gebrauchsnamen, Handelsnamen, Warenbezeichnungen u.s.w. in diesem Werk berechtigt auch ohne besondere Kennzeichnung nicht zu der Annahme, dass solche Namen im Sinne der Warenzeichen- und Markenschutzgesetzgebung als frei zu betrachten wären und daher von jedermann benutzt werden dürften.

Information bibliographique publiée par la Deutsche Nationalbibliothek: La Deutsche Nationalbibliothek inscrit cette publication à la Deutsche Nationalbibliografie; des données bibliographiques détaillées sont disponibles sur internet à l'adresse http://dnb.d-nb.de.
Toutes marques et noms de produits mentionnés dans ce livre demeurent sous la protection des marques, des marques déposées et des brevets, et sont des marques ou des marques déposées de leurs détenteurs respectifs. L'utilisation des marques, noms de produits, noms communs, noms commerciaux, descriptions de produits, etc, même sans qu'ils soient mentionnés de façon particulière dans ce livre ne signifie en aucune façon que ces noms peuvent être utilisés sans restriction à l'égard de la législation pour la protection des marques et des marques déposées et pourraient donc être utilisés par quiconque.

Coverbild / Photo de couverture: www.ingimage.com

Verlag / Editeur:
Presses Académiques Francophones
ist ein Imprint der / est une marque déposée de
OmniScriptum GmbH & Co. KG
Heinrich-Böcking-Str. 6-8, 66121 Saarbrücken, Deutschland / Allemagne
Email: info@presses-academiques.com

Herstellung: siehe letzte Seite /
Impression: voir la dernière page
ISBN: 978-3-8381-4434-4

Table des matières

Introduction

La synthèse de nouveaux matériaux de dureté comparable à celle du diamant est d'un grand intérêt technologique. Les matériaux durs existants sont en majorité des carbures, des nitrures, des borures et des oxydes (voir annexe A). Ils ont des températures de fusion, une conductivité thermique et une inertie chimique élevées. De plus, le coefficient de dilatation thermique et le coefficient de friction sont très faibles. Cette combinaison de propriétés remarquables est très recherchée pour les applications industrielles. Ils sont utilisés dans l'industrie électronique (*condensateurs, aimants, substrats de circuits*), mécanique (*outils de coupes, abrasifs*), nucléaire (*absorbants neutroniques*) et spatial (*boucliers thermiques*). Ils entrent également dans la fabrication des instruments chirurgicaux, des prothèses et des implants biomédicaux. Certains matériaux durs, comme le carbure de silicium SiC, le diamant dopé et le nitrure de bore dopé présentent également des propriétés électroniques intéressantes, et sont donc très adaptés pour les dispositifs électroniques travaillant dans des conditions hostiles (bombardement de particules très énergétiques) ou extrêmes (hautes pressions et/ou hautes températures).

Seuls le diamant et le nitrure de bore cubique (c-BN) ont une dureté supérieure à 40 GPa. Le diamant présente divers inconvénients : coût de production élevé, faibles dimensions, une solubilité élevée dans le fer et une faible résistance à l'oxydation à haute température. Le c-BN présente une stabilité thermique plus grande. Il constitue l'abrasif de choix bien qu'il soit beaucoup moins dur que le diamant. Néanmoins, à ce jour, il reste un matériau très difficile à synthétiser. La recherche de nouveaux matériaux ayant une dureté comprise entre celle du diamant et celle du nitrure de bore cubique (c-BN) est un objectif réaliste. Une motivation, plus fondamentale, est la recherche d'un matériau plus dur que le diamant.

La recherche de nouveaux matériaux durs reste très active dans les autres grands pays industriels, en particulier les Etats-Unis, le Japon et l'Allemagne. La recherche internationale est focalisée sur les composés binaires et ternaires dans les systèmes B-C-N, B-N-O et B-C-O. La synthèse et le frittage du diamant, l'étude de ses propriétés électroniques et optiques, ainsi que des autres formes allotropiques du carbone (nanotubes et fullerènes) restent des sujets d'actualité.

Compte tenu de la composition et de la structure des deux matériaux les plus durs, le diamant et le nitrure de bore, on prévoit que les nouveaux matériaux durs soient composés de petits atomes (carbone, bore, azote, oxygène, aluminium, silicium), séparés par de courtes distances et formant des liaisons fortes suivant les trois dimensions de l'espace (exemple : BC_2N) [1]. Les études expérimentales montrent que des éléments simples (bore), des oxydes (OsO_2 , RuO_2), des composites, des super-réseaux de céramiques (AlN/TiN) et des nanomatériaux peuvent être durs [2][3][4]. Les voies de recherche sont donc multiples.

La dureté d'un matériau est appréciée à l'aide d'un test d'indentation (voir annexe A). Ce test est depuis quelques années réalisable à l'échelle du micro- et du nanomètre. La dureté exprime la résistance d'un matériau à la déformation élastique, à la déformation plastique et à la fissuration si la charge est élevée. Elle dépend de divers paramètres (porosité, défauts, impuretés, etc.). Elle est généralement étudiée indirectement, via ses corrélations avec d'autres grandeurs physiques (gap, énergie de cohésion, etc.). Jusqu'à une date récente, c'est le module d'incompressibilité B, qui traduit la résistance du matériau à une pression hydrostatique, qui a été considéré comme le meilleur guide pour simuler de nouveaux matériaux durs. Plus B est grand, plus le matériau est supposé être dur. Diverses formules empiriques de B ont donc été élaborées, dont la plus connue est celle de Cohen [5]. C'est une relation simple qui rend compte parfaitement des critères permettant d'obtenir de la matière ultra-dure (faible distance inter-atomique, faible ionicité, coordinence élevée). L'auteur a, par exemple, suggéré que le composé C_3N_4 pourrait être plus dur que le diamant.

La compilation de Teter montre que la dureté est mieux corrélée à la constante de cisaillement G qui traduit la résistance du matériau aux forces de cisaillement. Celle-ci peut être exprimée à l'aide des constantes élastiques. Ces dernières, mesurables par différentes techniques (spectroscopie Brillouin, ultrasons, ondes de choc) peuvent être calculées à l'aide de code DFT (théorie de la fonctionnelle de densité), sans paramètres ajustables. Ceci permet de simuler de nouveaux matériaux durs en utilisant un critère plus fiable : plus G est élevé plus le matériau est supposé être dur.

D'un point de vue théorique, le problème posé par l'indentation n'est que partiellement résolu. La solution de ce problème nécessite la connaissance des fonctions de Green élastiques des deux matériaux en contact (échantillon et indentateur) et la distribution de pression dans la zone de contact. Or, cette dernière n'est pas connue avec précision. Les théories de l'indentation actuelles reposent sur la théorie élastique linéaire et l'approximation de Hertz pour la distribution de pression sous l'indentateur. La nano-indentation ouvre de nouveaux horizons et pose de nouvelles questions, et en particulier la question de la taille qui n'est pas pris en compte dans ces théories.

Par ailleurs, l'analyse de la zone de contact, par spectroscopie micro-Raman, par microscopie électronique et/ou par des mesures de conductivité montre que l'échantillon subit localement des transitions de phase comme dans une presse à enclumes de diamant. A notre connaissance, les transitions de phase par indentation n'ont jamais été étudiées. Ces transitions de phase peuvent être réalisées dans une presse à enclumes de diamant. Leur étude constitue une voie de recherche intéressante. En effet, sous l'effet d'une pression hydrostatique, la densité d'un matériau augmente. Cette densification est parfois amplifiée par une transition de phase. La phase haute pression peut être nettement plus dure que la phase basse pression. Bien que les mesures de dureté sous pression n'aient pas été réalisées systématiquement, on peut citer plusieurs transformations où ce durcissement a été confirmé. Le quartz soumis à de fortes pressions, se réorganise en un assemblage plus dense, plus compact et plus dur que la plupart des carbures : la Stishovite [6]. Le graphite se transforme en diamant par compression statique sous haute température [7]. Le fullerène C_{60} se transforme également en diamant, à température ambiante et sous une pression de 20 GPa [8]. Ce dernier résultat permet à certains pays comme le Japon et la Suéde de synthétiser 100 tonnes de diamant par an. Le c-BN est obtenu par compression statique et sous très haute température du nitrure de bore hexagonal h-BN [9]. L'étude de ces transformations structurales et la prédiction d'autres transformations peuvent être réalisées dans le cadre de la théorie phénoménologique de Lev Landau et/ou de la fonctionnelle de Densité (DFT).

Ce mémoire contient quatre chapitres qui résument le travail original effectué durant ces trois dernières années et quatre annexes, qui regroupent les connaissances générales dont nous nous sommes servies. Le premier chapitre est consacré à la nanoindentation. Bien que théorique, notre travail s'appuie beaucoup sur l'expérimentation. Nous avons constaté que la théorie de l'indentation n'a pas beaucoup évolué. Le modèle isotrope de Sneddon est resté le modèle standard [10]. Ce modèle et quelques variantes sont données en annexe B. Nous avons suivi une démarche différente :

(i) D'emblée, nous avons choisi de prendre en compte l'anisotropie des deux matériaux en contact, i.e., l'échantillon et l'indentateur. Pour surmonter cette première difficulté, nous nous sommes appuyés sur les travaux indépendants de Stroh, Willis, Barnett et Farnell [11][12][13][14]. Ces auteurs ont développé des travaux assez similaires, et dans lesquels l'anisotropie des matériaux est prise en compte. Il restait à les unifier.

(ii) L'anharmonicité élastique n'est jamais prise en compte dans les théories classiques de l'indentation, i.e., tous les coefficients élastiques des deux matériaux sont supposés être constants, quelque soit la charge appliquée. Nous avons pu introduire les effets non-linéaires des matériaux en s'appuyant sur les écrits de Thurston et Brugger, qui avaient étudié les changements des propriétés élastiques sous l'effet d'une contrainte uni-axiale [15].

(iii) Ces développements de la théorie de l'indentation nous ont ainsi permis d'appliquer la théorie de Landau pour étudier les transitions de phase displacives que subit l'échantillon quand il est soumis à une forte charge [16].

Nous aurions pu compléter ce travail, en rajoutant la déformation plastique. Malheureusement, le réseau de dislocations dans le silicium, que nous avons pris comme exemple, est très complexe. Les difficultés deviennent insurmontables.

Les trois autres chapitres sont consacrés à l'étude de l'osmium. C'est un métal de transition appartenant au groupe du platine (Rh, Pt, Ir, Ru, Pd). Bien connu par les chimistes, et de longue date, il a été peu étudié par les physiciens du solide, car il fait peur. Sous forme de poudre, il s'oxyde à l'air libre et donne du tétroxyde d'osmium, OsO_4, qui est fortement toxique. Sous forme solide, il s'oxyde à plus haute température. Une récente découverte a relancé l'étude de l'osmium. Cynn et ses collègues ont montré expérimentalement que l'osmium, qui est un métal lourd, est moins compressible que le diamant, bien qu'il soit beaucoup moins dur [17]. Depuis, un nombre important de travaux lui ont été consacrés [18][19][20]. En effet, les métaux de transition possèdent des propriétés intéressantes (point de fusion élevé, excellente conductivité électrique et thermique, bonne résistance à la corrosion, etc.). L'insertion d'atomes légers comme le carbone, l'azote ou le bore dans leurs structures donne des composés réfractaires stables, dont les propriétés mécaniques, électriques et thermiques sont nettement améliorées. On s'attend donc à ce que les composés binaires de l'osmium puissent être durs.

L'osmium cristallise dans la phase hexagonale compacte. C'est sa seule forme connue à ce jour, bien qu'il ait été découvert en 1803 par Tennant. Dans le second chapitre, nous avons simulé les polymorphes possibles de l'osmium. Nos résultats de simulation montrent qu'il peut subir des transitions de phase dans des conditions extrêmes (très haute pression et/ou très basse température). Un premier diagramme de phase de l'osmium a pu être esquissé.

Le chapitre 3 est consacré à l'étude théorique de diverses propriétés physiques de OsB_2 qui restent toutes à découvrir. Cette partie a fait l'objet d'une collaboration avec deux métallurgistes de l'Université de Belgrade [21]. Nos deux collègues ont réussi à synthétiser ce composé, presque en même temps qu'une équipe américaine [22]. Un brevet a été déposé par ces derniers pour la synthèse du diborure d'osmium. Nos résultats de simulation et les mesures de micro-indentation, réalisées par nos collègues, montrent que ce composé est légèrement plus compressible et nettement plus dur que l'osmium. Ceci est dû au réseau de liaisons fortes créé par les atomes de bore.

Le chapitre 4 est lui consacré à un composé hypothétique de l'osmium : le carbure d'osmium OsC. A ce jour, ce composé n'existe pas. Néanmoins des travaux expérimentaux suggèrent son existence. Au début du siècle, on croyait que l'osmium était unfusible. Moissan a, dès 1906, réussi à fondre et à mettre en ébullition de l'osmium dans un creuset en charbon d'un four électrique [23]. La formation à haute température d'une phase métastable de OsC est probable. Au refroidissement, le carbone est abandonné sous forme de graphite. Kempter et Nadler pensent aussi avoir synthétisé du carbure d'osmium en portant à plus de 2800°C un mélange Os-C pendant 15 mn [24]. La présence de graphite est à nouveau signalée. Ces deux auteurs vont plus loin puisqu'ils donnent la structure de OsC (type WC), les paramètres de maille et même la dureté. Une stabilisation de la phase OsC sous pression est suggérée par les auteurs. Ces données nous ont servi de base pour simuler les propriétés physiques de cet hypothétique matériau.

Chapitre 1

Nano-indentation

1.1 Introduction

La caractérisation des propriétés physiques des matériaux à l'échelle du nanomètre devient un enjeu important, d'où la nécessité de trouver de nouveaux outils pour explorer ces échelles réduites.

L'indentation est une technique permettant d'étudier les propriétés mécaniques des matériaux, et en particulier la dureté, qui nous intéresse ici. Le principe de la mesure est le suivant : une charge est appliquée sur une pointe en diamant qui s'enfonce dans l'échantillon. La charge produit sous l'indentateur une forte pression hydrostatique accompagnée de contraintes de cisaillement. Les divers tests d'indentation diffèrent essentiellement par la forme de l'indentateur (voir annexe A).

Cette technique est maintenant utilisable à l'échelle du micro- et du nanomètre. Elle est employée avec succès pour caractériser les propriétés mécaniques de la matière dure mais aussi de la matière molle (métaux, films métalliques, polymères, cheveux, etc.). Dans le cas de la nano-indentation, la surface de contact est difficile à mesurer (voir figure 1.1). En conséquence, la force appliquée et le déplacement de la pointe du diamant dans l'échantillon sont enregistrés simultanément. La courbe de charge et de décharge présente un écart qui est dû à la déformation plastique. La courbe force-déplacement est analysée suivant la procédure développée par Oliver et Pharr [25]. Cette méthode d'analyse est devenue la méthode standard. Elle est basée sur

les travaux de Loubet *et al.* [26] et de Doerner et Nix [27]. C'est essentiellement la
courbe de décharge qui est exploitée, car elle est purement élastique.

La nano-indentation est généralement combinée à diverses techniques pour étudier
les propriétés physico-chimiques des surfaces. La microscopie à force atomique (AFM)
et à force latérale (LFM) permettent d'étudier différentes caractéristiques du contact
(fissures, frottement, usure, adhésion entre surfaces à l'échelle du nanomètre, modules
élastiques, etc.). La spectroscopie Raman permet de détecter les différentes phases de
l'échantillon.

Du point de vue théorique, l'indentation est un problème de contact qui, jusqu'à
présent, n'est que partiellement résolu. Les modèles les plus connus (Hertz, Sneddon,
etc.) sont donnés en annexe B. En général, l'anisotropie des deux solides en contact,
les effets non-linéaires et les transitions de phase que peut subir l'échantillon, ne sont
pas pris en compte. Dans ce travail, nous avons combiné différents modèles existants
dans la littérature pour développer une théorie du contact prenant en compte ces
effets [28][29]. Elle est exposée ci-dessous.

La compréhension des propriétés mécaniques à l'échelle du nanomètre présente un
intérêt fondamental, mais aussi industriel. Par exemple, le comportement mécanique
des semi-conducteurs à faibles échelles est très étudié car ils interviennent dans la
fabrication des systèmes micro ou nano-electro-mécaniques (MEMS, NEMS). Les per-
formances de ces dispositifs peuvent se dégrader sérieusement quand ils sont utilisés
dans des conditions extrêmes ou hostiles (impacts, hautes températures, hautes pressions, etc.).

1.2   Théorie du contact

Pour des raisons historiques, l'indentation est associée aux noms de Hertz et Boussinesq. La solution du problème que constitue le déplacement de matière lors du
contact, peut être exprimée à l'aide d'un produit de convolution, $\mathbf{u} = G * p$, entre la
distribution de pression p dans la zone de contact et la fonction de Green élastique
des matériaux G (Eq.1.13). Le symbole * représente le produit de convolution à deux

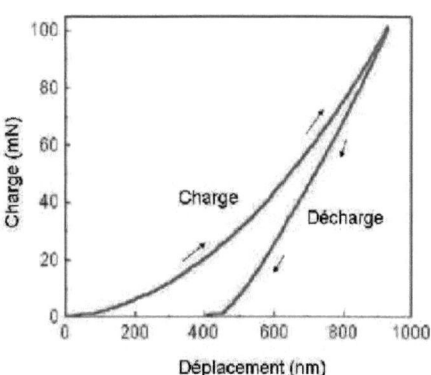

FIGURE 1.1 – *A droite : Profondeur de pénétration de l'indentateur en fonction de la charge appliquée. A gauche : Empreinte laissée sur la surface de l'échantillon* [30].

dimensions. Boussinesq fut le premier à s'attaquer à ce problème. En absence d'une formulation rigoureuse de la distribution de pression dans la zone de contact, la distribution de Hertz (Eq.1.14) est toujours en usage.

Au milieu des années soixante, une solution mathématique très élégante fut proposée par Sneddon pour le problème posé par l'indentation (voir annexe B). L'auteur utilisa la transformée de Hankel et le modèle des équations intégrales duales pour résoudre les équations d'équilibre d'un matériau sous contrainte [31]. Néanmoins, la solution de Sneddon, n'est valable que pour des matériaux isotropes à coefficients élastiques constants et en absence de transition de phases [31]. L'anisotropie d'un matériau est exprimée à l'aide du rapport des constantes de cisaillement du matériau, $\zeta = (C_{11} - C_{12})/2C_{44}$. C_{IJ} sont les composantes d'un tenseur d'ordre 4, en notation condensée de Voigt, appelé tenseur des constantes élastiques du second-ordre (voir annexe D). Une tentative d'interprétation de ces constantes est illustrée sur la figure

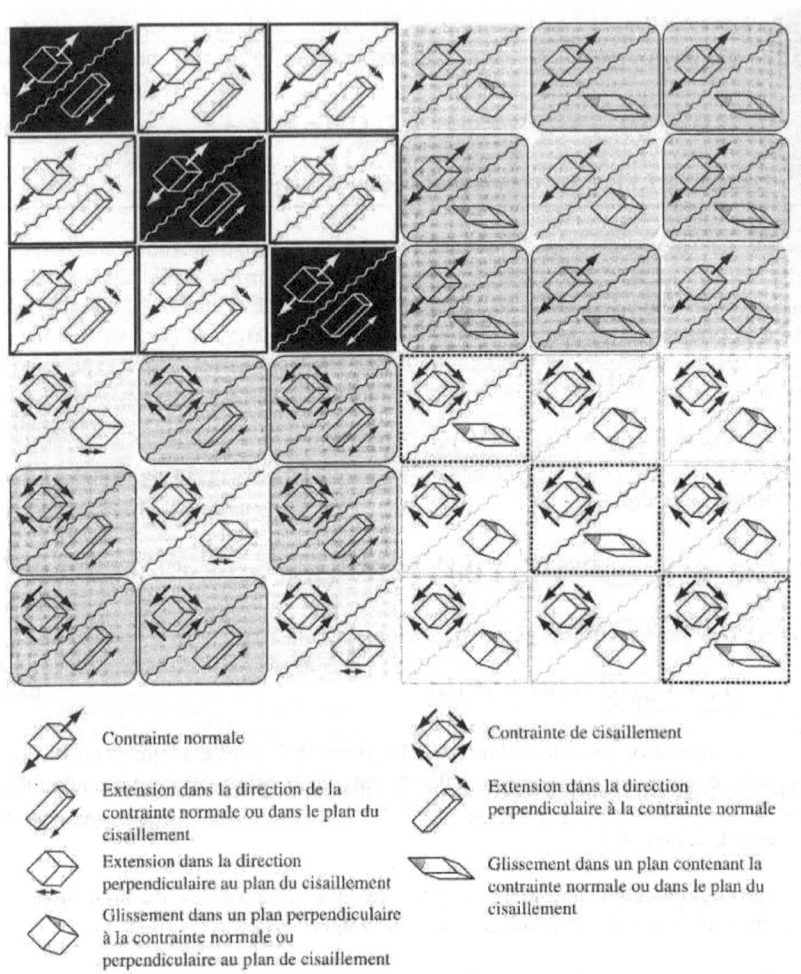

FIGURE 1.2 – *Significations physiques des composantes de la matrice de rigidité.*

1.2.

Pour simplifier, ces constantes sont les raideurs des ressorts fictifs qui maintiennent en équilibre la maille élémentaire d'un cristal. Ces constantes sont, en principe, reliées aux constantes de force. Ces dernières expriment les raideurs des ressorts qui remplaceraient les liaisons chimiques. Les constantes élastiques relient la contrainte appliquée à un matériau et la déformation qui y apparaît (Loi de Hooke). Les constantes élastiques sont utilisées dans la théorie élastique, qui est une théorie phénoménologique, et les constantes de force dans la théorie semi-phénoménologique du champ de force (valence-force-field theory). ζ est égal à 1 pour un matériau isotrope et 0,82 pour le diamant. Ce dernier est abusivement considéré comme un matériau isotrope.

Dans ce qui suit, nous commencerons par expliquer comment inclure l'anisotropie des matériaux dans la théorie de l'indentation. Les constantes élastiques C_{IJ} remplacerons les deux coefficients de Lamé.

1.2.1   Anisotropie des matériaux

La manière la plus rigoureuse de tenir compte de l'anisotropie est de combiner les travaux indépendants de Stroh, Willis et Barnett [11][12][13]. Le nombre de coefficients C_{IJ} indépendants dépend de la symétrie du matériau. Il croît si la symétrie du cristal est réduite : 3 pour un cristal cubique, 5 pour un cristal hexagonal, 9 pour un cristal orthorhombique, etc. Pour présenter cette théorie, on considère deux solides qui se touchent en un point O et deux repères cartésiens (x, y, z_1) et (x, y, z_2) liés aux solides 1 et 2, respectivement (voir figure 1.3). $x - y$ est le plan commun. Les axes z_1 et z_2 sont orientés vers l'intérieur des solides.

A l'ordre le plus bas, les équations des deux surfaces tangentes au point O sont données par [16] :

$$z_1 \;=\; \lambda_{11}x^2 + \lambda_{22}y^2 + 2\lambda_{12}xy \qquad (1.1)$$

$$z_2 \;=\; \lambda'_{11}x^2 + \lambda'_{22}y^2 + 2\lambda'_{12}xy \qquad (1.2)$$

où les coefficients λ_{ij} et λ'_{kl} caractérisent les courbures des surfaces. Le rapprochement des deux surfaces l'une de l'autre provoque un champ de déplacement $\mathbf{u}$ dans chaque

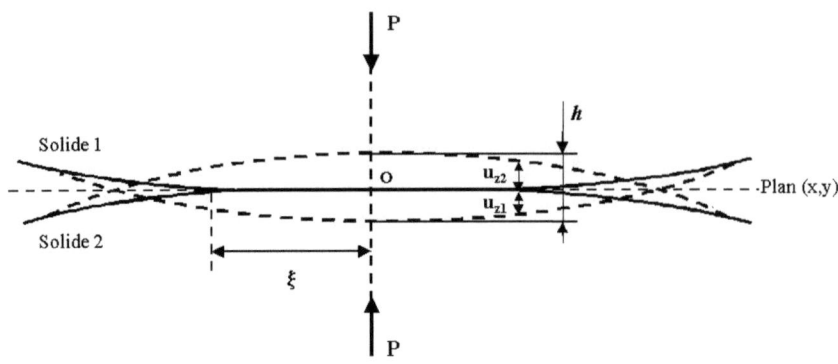

FIGURE 1.3 – *Géométrie de contact entre deux solides.*

solide. Appelons h le déplacement relatif des deux surfaces au point O. En tout point de la zone de contact, on a :

$$u_{z_1} + u_{z_2} = h - (z_1 + z_2) \tag{1.3}$$

et à l'extérieur de la zone de contact, on a :

$$u_{z_1} + u_{z_2} > h - (z_1 + z_2) \tag{1.4}$$

On suppose que dans la zone de contact les deux surfaces sont lisses et quasiment planes et que la distribution de pression résultante est normale à la surface de contact, i.e., on néglige les autres forces (friction, traction, etc.). Avec ces approximations, une solution, valable au voisinage de la zone de contact, peut être obtenue en considérant l'échantillon comme un demi-espace $z \geq 0$. L'origine O et les axes x et y sont sur la surface libre de l'échantillon. En supposant que la contrainte appliquée est égale à l'unité, qu'elle est normale et concentrée au point O, i.e., $p = -\delta_{i3}\delta(x)\delta(y)$, les équations d'équilibre à résoudre pour $z \geq 0$ sont :

$$\sum_j \frac{\partial \sigma_{ij}}{\partial x_j} = 0, \qquad \sigma_{ij} = \sum_{k,\,l} C_{ijkl} e_{kl} \tag{1.5}$$

en tenant compte des conditions aux limites, $u_z \to 0$ quand $z \to \infty$ et

$$\sum_j \sigma_{ij} n_j = p, \qquad z = 0 \tag{1.6}$$

où $e_{kl} \sim \partial u_k / \partial x_l$ est une déformation du solide et $\mathbf{n}$ la normale à la surface libre de l'échantillon, $z = 0$.

Nous allons donner la solution de ces équations dans le cas d'une couche mince de silicium soumise à un indentateur sphérique en diamant. L'axe z est parallèle à l'axe de symétrie d'ordre 4, i.e., la surface de contact est alors circulaire. Le champ de déplacement $\mathbf{u}$ produit dans l'échantillon peut être écrit sous la forme :

$$u_k(\mathbf{r}) = \int_A G_{ks}(\mathbf{r} \text{ - } \mathbf{r'}) p_s(\mathbf{r'}) d\mathbf{r'} \tag{1.7}$$

où $p_s(\mathbf{r'})$ est la distribution de pression sous l'indentateur et $G_{ks}(\mathbf{r} \text{ - } \mathbf{r'})$ la fonction de Green élastique pour un matériau semi-infini, i.e., le déplacement au point $\mathbf{r}$, suivant la direction k dû à une force unité appliquée en $\mathbf{r'}$ suivant la direction s. On intègre sur la surface projetée de la zone de contact A. De l'équation (Eq.1.5), on déduit que $G_{ks}(\mathbf{r})$ est solution de l'équation :

$$\sum_{l,\,j} C_{ijkl} \frac{\partial^2 G_{ks}(\mathbf{r})}{\partial x_l \partial x_j} = 0 \tag{1.8}$$

et doit satisfaire aux conditions aux limites (indiquées ci-dessus). Dans un premier temps, nous négligeons les effets non-linéaires, i.e., on suppose que les constantes élastiques ne varient pas sous l'effet de la charge appliquée. Dans l'espace de Fourier à deux dimensions (2D), une solution possible de l'équation (Eq.1.8), est :

$$\tilde{G}_{ks}(\mathbf{K}, x_3) = \sum_\alpha \varepsilon_{k\alpha}(\mathbf{K}) \chi_{\alpha s}(\mathbf{K}) e^{-i m_\alpha K x_3} \tag{1.9}$$

où $i^2 = -1$. K est l'amplitude du vecteur bi-dimensionnel $\mathbf{K}$. La transformation de Fourier convertit le problème de trouver le champ de déplacement en un problème matriciel. En mettant (Eq.1.9) dans (Eq.1.8), on est conduit à résoudre une équation du sixième ordre en m_α. Cette équation, appelée équation de Stroh, est le déterminant de la matrice Γ :

$$|\Gamma_{ik}^\alpha| = |C_{ijkl}(q_l + n_l m_\alpha)(q_j + n_j m_\alpha)| = 0 \qquad (1.10)$$

Avec $\mathbf{q} = \mathbf{K}/K$. Les m_α sont des paires de solutions complexes conjuguées. $\varepsilon_{k\alpha}$ sont les vecteurs propres normalisés :

$$\Gamma_{ik}^\alpha \varepsilon_{k\alpha} = 0 \qquad (1.11)$$

Les coefficients $\chi_{\alpha s}$ sont déterminés à partir de l'équation aux limites (Eq.1.6), que l'on peut réécrire sous la forme :

$$n_j C_{ijkl} \frac{\partial G_{ks}}{\partial x_l} = -\delta_{is}\delta(x_1)\delta(x_2) \qquad (1.12)$$

avec $x_1 = x$, $x_2 = y$ et $x_3 = z$. δ_{is} est le symbole de Kronecker et $\delta(x_j)$ la fonction de Dirac. Seules les racines m_α dans le plan inférieur du plan complexe doivent être considérées pour satisfaire à la première condition aux limites : $G_{ks}(\mathbf{r}) \to 0$ quand $x_3 \to \infty$.

La propagation des ondes acoustiques de surface peut être étudiée de la même manière. On doit alors ajouter le terme dépendant du temps $\rho\partial^2 G_{is}(\mathbf{r})/\partial t^2$ à droite de l'équation (Eq.1.8). ρ est la densité de masse. Dans la langage de la dynamique des réseaux, $\mathbf{K}$ est le vecteur d'onde de propagation, $\varepsilon_{k\alpha}$ la polarisation et $\chi_{\alpha s}$ un facteur de pondération [14]. Dans l'espace réel, la fonction de Green élastique est donnée par :

$$G_{ks}(\mathbf{r}) = \frac{K^3}{4\pi^2} \int_0^{2\pi} \sum_\alpha \varepsilon_{k\alpha}(\phi)\chi_{\alpha s}(\phi)[\mathbf{q}.\mathbf{x} + m_\alpha(\phi)x_3]^{-1}d\phi \qquad (1.13)$$

où $\mathbf{r} = (\mathbf{x}, x_3)$ donne la position d'un point. $\mathbf{x} = (x_1, x_2)$ est un vecteur qui situe un point de la surface libre de l'échantillon. ϕ est l'angle entre $\mathbf{q}$ et $\mathbf{x}$. La distribution de pression de Hertz reste valable pour un milieu anisotrope :

$$p_s(\mathbf{x}) = p_o(1 - \frac{x^2}{\xi^2})^{\frac{1}{2}} \qquad (1.14)$$

avec $x = |\mathbf{x}|$ et $p_o = 3F/2\pi\xi^2$. F est la force appliquée et ξ le rayon de la surface de contact projetée A. La surface de contact est en général elliptique, à moins qu'elle possède au moins un axe de symétrie d'ordre 4. En substituant les équations (Eq.1.13) et (Eq.1.14) dans (Eq.1.7) et en effectuant l'intégration sur A, on obtient le déplacement de la surface libre de l'échantillon $u_3^{Si}(\mathbf{x}, x_3 = 0)$. La procédure doit être répétée pour obtenir le déplacement de la surface libre de l'indentateur. Pour simplifier, on suppose que c'est le plan (001) du diamant qui est en contact avec l'échantillon. Une moyenne sur plusieurs plans pourrait améliorer la précision. Le déplacement relatif des deux matériaux, au point O, est donné par :

$$h = \sum_{\lambda=1}^{2} u_3^{\lambda}(\mathbf{x}) + x^2/2\mathcal{R} \tag{1.15}$$

$$= (F/\xi) \sum_{\lambda=1}^{2} I_{\lambda} \tag{1.16}$$

$$= \xi^2/\mathcal{R} \tag{1.17}$$

avec :

$$I_{\lambda} = \frac{3}{16\pi} \int_0^{2\pi} \sum_{\alpha=1}^{3} K\chi_{\alpha 3}(\phi)\varepsilon_{3\alpha}(\phi)d\phi \tag{1.18}$$

Dans les équations (Eq.1.15) et (Eq.1.16), la somme porte sur les deux solides et $\mathcal{R}$ est le rayon de l'indentateur sphérique.

Résultats numériques

Pour comparer avec les résultats expérimentaux de Williams *et al.* [32], nous avons choisi $\mathcal{R}$ égal à 4,2 μm. Les constantes élastiques du silicium et du diamant ont été mesurées par trois groupes et sont données dans la Table 1.1 [33][34][35]. La construction de la matrice 3×3 Γ_{ik}^{α} (Eq.1.10) pour les deux solides en contact est

laborieuse mais ne pose aucune difficulté. L'annulation de son déterminant conduit
à une équation cubique en m_α^2. Les trois racines complexes acceptables pour le plan
(001) de Si peuvent être obtenues rapidement. Leurs variations sont représentées sur
la figure 1.4. Les vecteurs propres correspondants $\varepsilon_{k\alpha}$ et les facteurs de pondération
$\chi_{\alpha s}$ ont été calculés à l'aide du logiciel Mathematica [?]. La figure 1.5 montre les
variations de $M_{\alpha 3} = K\chi_{\alpha 3}$ de Si.

Materiau	C_{11}	C_{12}	C_{44}	C_{111}	C_{112}	C_{123}	C_{144}	C_{166}	C_{456}	Ref.
silicium	16.57	6.39	7.96	-82.5	-45.1	-6.4	1.2	-31	-6.4	[33]
	16.56	6.39	7.95	-79.5	-44.5	-7.5	1.5	-31	-8.6	[34]
diamant	107.6	12.5	57.7	-626.0	-226.0	11.2	-67.40	-286.0	-82.3	[35]
	107.9	12.4	57.8							[33]

	S_{11}	S_{12}	S_{44}							
silicium	0.7680	-0.2138	1.2559							[36]
diamant	0.0949	-0.0098	0.1742							[33]

	C_{1111}	C_{1112}	C_{1122}	C_{1123}	C_{1144}	C_{1155}	C_{1244}	C_{1266}	C_{1456}	C_{4444}	C_{4455}
silicium	51	158	-156	53	-149	-229	186	-92	5.8	-347	14[a]
	≈0	32[b]									
	122[c]										
diamant	436	302							53[d]		

[a] Ref. [37]
[b] Ref. [38]
[c] Ref. [39]
[d] Ref. [40]

TABLE 1.1 – *Constantes élastiques du 2ème et 3ème ordre du silicium et du diamant,
en Mbar, et compliances élastiques S_{IJ} en Mbar^{-1}. Les constantes élastiques du 4ème
ordre calculées par trois groupes sont différentes.*

Des résultats similaires ont été obtenus pour le diamant. L'intégrale de contour (Eq.1.18) est égale à 4521,5 pour Si et 667,5 mN^{-1}nm^2 pour le diamant. La figure 1.6 donne la pénétration de l'indentateur dans l'échantillon en fonction de la force appliquée. L'accord avec les résultats expérimentaux de Williams *et al.* est plutôt bon [32]. Ce qui valide l'approche théorique décrite ci-dessus. La dureté H est définie comme le rapport de la force appliquée F sur la surface de contact projetée A. Elle peut être re-écrite sous la forme :

$$H \;=\; \frac{\sqrt{h/\mathcal{R}}}{\pi I} \tag{1.19}$$

avec $I = \sum_{\lambda=1}^{2} I_\lambda$ ou λ=Si ou C. La somme porte sur les deux solides en contact. La ligne brisée que l'on peut voir sur la figure 1.7 correspond à l'évolution de la dureté dans la couche mince de Si. Les résultats expérimentaux de Williams *et al.* sont reportés sur cette figure (croix) [32]. Le désaccord entre la courbe théorique et la courbe expérimentale augmente avec la charge appliquée. Il atteint son maximum pour une profondeur de pénétration de 90 - 100 nm, valeur à laquelle le silicium se métallise localement.

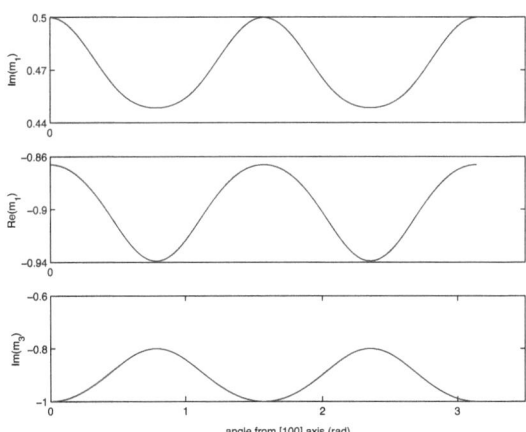

FIGURE 1.4 – *Variation des racines m_α dans le plan (x_1, x_2). m_3 est imaginaire pure, $Re(m_2) = -\, Re(m_1)$ et $Im(m_2) = Im(m_1)$. L'angle ϕ est mesuré à partir de l'axe x_1.*

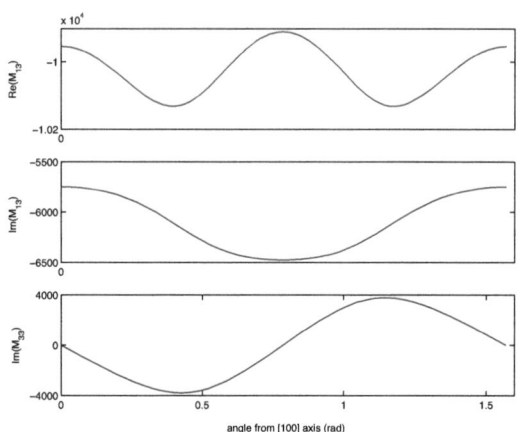

FIGURE 1.5 – *Variation des facteurs de pondération $M_{\alpha 3} = K\chi_{\alpha 3}(\phi)$. M_{33} est imaginaire pur, $Re(M_{23}) = - Re(M_{13})$ et $Im(M_{23}) = Im(M_{13})$.*

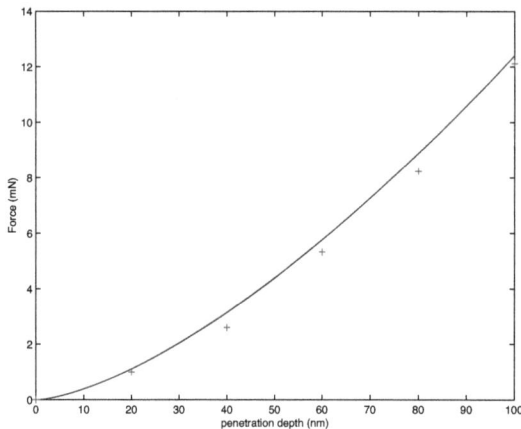

FIGURE 1.6 – *Profondeur de pénétration en fonction de la charge appliquée sur une couche mince de silicium. Les croix sont les résultats expérimentaux de Williams et al. [32], obtenus avec un diamant sphérique de rayon 4,2 μm.*

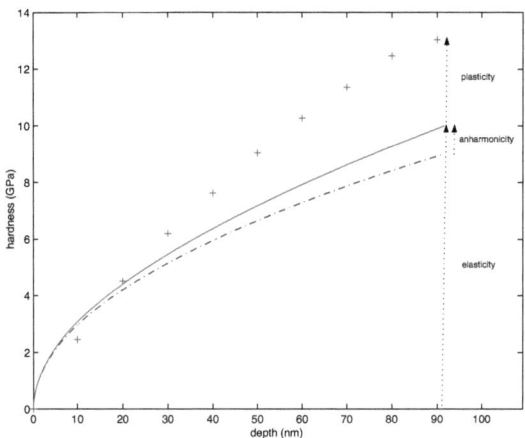

FIGURE 1.7 – *Variation de la dureté en fonction de la profondeur de pénétration du plan (001) de Si I. Les croix représentent des valeurs expérimentales [32]. Les traits, continus et interrompus sont la représentation de l'équation Eq.1.19.*

1.2.2 Anharmonicité des matériaux

L'écart entre la courbe expérimentale et la courbe théorique (voir figure 1.7) peut être réduit sensiblement si on tient compte de l'anharmonicité des matériaux. Ceci peut être réalisé en tenant compte de la dépendance des constantes élastiques harmoniques C_{IJ} de la charge appliquée sur le cristal. L'effet d'une contrainte uni-axiale sur les ondes ultrasonores a été étudié par Thurston et Brugger [15]. L'expression générale des constantes C_{IJ} d'un cristal de symétrie donnée soumis à une contrainte est :

$$C_{IJ}(\sigma) \;=\; C_{IJ}(0) + \lambda_{IJ}\sigma + \Pi_{IJ}\sigma^2 + ... \tag{1.20}$$

σ est la charge appliquée, considérée comme uniforme par Brugger *et al.* [15]. Pour des faibles charges, l'anharmonicité est principalement représentée par le terme $\lambda_{IJ}\sigma$ de l'équation Eq.1.20. Le coefficient λ_{IJ} s'exprime à l'aide des constantes élastiques du troisième ordre, $C_{ijklmn} = C_{IJK}$ et le coefficient Π_{IJ} à l'aide des constantes élastiques du quatrième ordre $C_{ijklmnpq} = C_{IJKL}$. Le terme quadratique n'est plus négligeable à l'approche de la transition de phase qui métallise le silicium. Il joue un rôle important dans la stabilisation de la phase quadratique (β-Sn) de Si [28] (voir ci-dessous). Les expressions analytiques des coefficients λ_{IJ} et Π_{IJ} apparaissant dans l'équation Eq.1.20 peuvent être trouvées dans le papier de Brugger *et al.* [15]. Le calcul de Π_{IJ} exige la connaissance des compliances élastiques S_{IJ} (voir table 1.1). Les valeurs de S_{IJ} ont été prises de la référence [36]. Les constantes élastiques du troisième ordre C_{IJK} sont obtenues à partir des changements des vitesses ultrasonores dus à une contrainte uniaxiale. Leurs valeurs sont données dans la table 1.1. McSkimin et Andreatch ont trouvé que ces vitesses varient d'une manière linéaire [33]. Néanmoins, Suzuki a détecté des écarts à ce comportement linéaire [41]. Ceci signifie que le terme quadratique $\Pi_{IJ}\sigma^2$ qui apparaît dans l'équation Eq.1.20 n'est pas négligeable. Son calcul nécessite la connaissance des valeurs des constantes élastiques du quatrième ordre C_{IJKL}. Ces dernières peuvent être obtenues à partir des mesures d'ondes de choc. Dans la littérature, nous avons trouvé que des valeurs calculées (voir table 1.1). Les valeurs calculées pour Si par Nielsen et Martin [38], en utilisant le calcul ab-initio, diffèrent largement de celles obtenues par Gerlish [37] qui utilisa le modèle de Keating généralisé. Une troisième approche a été utilisée par Prasad et Suryanarayama [39] pour calculer C_{1111}. En absence de valeurs fiables des C_{IJKL}, nous limiterons le développement de l'équation Eq.1.20 au troisième ordre. Dans ce travail, l'anharmonicité des matériaux sera représentée par les constantes du troisième ordre. Les variations des constantes harmoniques C_{IJ} du silicium dans sa phase cubique sont montrées sur la figure 1.8. Le diamant est le matériau le plus dur. Ses constantes élastiques varient peu sous l'effet d'une contrainte. Nous avons trouvé que les intégrales de contour I_λ apparaissant dans l'équation Eq.1.18 varient approximativement comme suit : $I_1 = I_{Si} \approx 4521,5 - 32,54p_o$ et $I_2 = I_C \approx 667,5 + 0,27p_o$. p_o est en GPa. Pour le diamant, l'intégrale (Eq.1.18) est presque constante dans l'intervalle de pression 0-14 GPa, c'est-à-dire, l'intervalle de stabilité de la phase cubique du silicium.

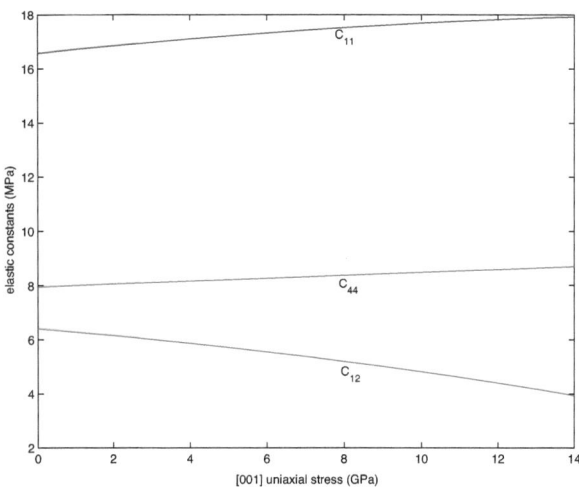

FIGURE 1.8 – *Variation des constantes élastiques du silicium en fonction de la contrainte uni-axiale.*

1.2.3 Transitions de phase

Sous l'indentateur règne une forte pression non hydrostatique, comme dans une presse à enclumes de diamant, sauf que les contraintes de cisaillement superposées à la pression hydrostatique sont beaucoup plus élevées que dans une presse. Localement, sous l'indentateur, l'échantillon peut subir des transitions de phase. La spectroscopie micro-Raman et la microscopie électronique sont utilisées pour identifier les nouvelles phases. L'étude des transitions de phase par indentation présente plusieurs avantages. Le test d'indentation est rapide et non destructif. De plus l'indentation peut être réalisée à diverses échelles. Dans ce qui suit, nous allons nous intéresser à une couche mince de silicium.

Le diagramme de phase du silicium est, avec celui de l'eau, le plus étudié (voir figure 1.9). A pression normale, il cristallise dans une structure cubique (Si I). En le comprimant dans une presse à enclumes de diamant, sa maille devient tétragonale et se métallise vers 8-10 GPa (Si II), dépendant fortement de la contrainte uni-axiale résiduelle. A plus haute pression, cinq phases différentes ont été détectées.

La décompression conduit à différentes phases métastables (Si III, Si VIII, Si IX, Si XII, a-Si) qui dépendent des conditions expérimentales (pression maximale atteinte, vitesse de décompression).

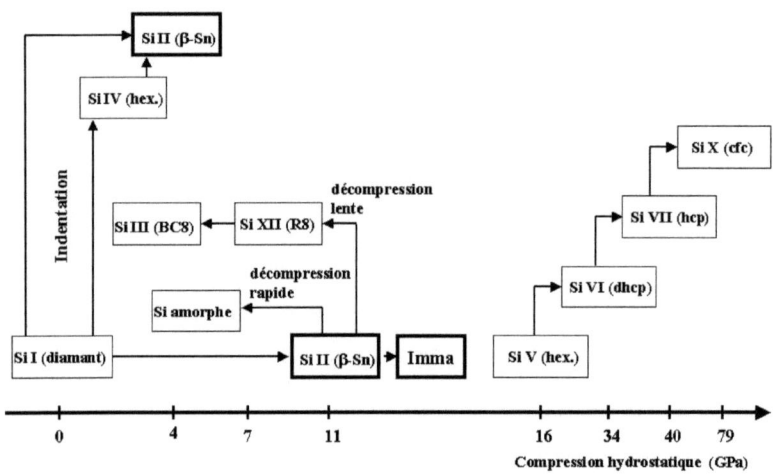

FIGURE 1.9 – *Les différentes transformations structurales du silicium sous l'effet d'une pression hydrostatique et non hydrostatique (indentation).*

Sous indentation, la phase Si II a été obtenue par Gorgunora et ses collègues à la fin des années soixante [42]. Depuis, la plupart des phases obtenues sous pression hydrostatique ont été révélées par indentation (voir figure 1.9). Les mesures de conductivité ont confirmé la métallisation du silicium. Dans ce qui suit, nous allons étudié la séquence Si I ⇒ Si II ⇒ Imma. Nous combinerons la théorie du contact décrite ci-dessus et la théorie de Landau des transitions de phase.

La surface libre de la couche mince de Si est soumise, comme précédemment, à une charge normale appliquée au point O, origine du repère cartésien coïncidant avec les axes cristallographiques de la maille (voir figure 1.3). La contrainte appliquée $\sigma_{ij} = -\sigma\delta_{i3}\delta_{j3}$ peut être décomposée en une contrainte de cisaillement $(\sigma/3)(-\delta_{ij} + 2\delta_{i3}\delta_{j3})$, de symétrie E_g et une composante hydrostatique $(\sigma/3)\delta_{ij}$, de symétrie A_{1g}. E_g et A_{1g} sont deux représentations irréductibles du groupe O_h de Si au centre de la zone de Brillouin. D'après la théorie de Landau des transitions de phase, seule une grandeur physique de symétrie E_g peut induire le changement de symétrie $O_h \Rightarrow D_{4h}$. D'après le critère de Born-Huang, un cristal cubique devient mécaniquement instable si la constante de cisaillement $(C_{11} - C_{12})/2$ ou C_{44} tend à s'annuler. Ces constantes expriment la résistance du matériau aux changements de forme de la maille. Elles sont associées, respectivement, à la déformation tétragonale $\eta = (2e_{33}-e_{11}-e_{22})/\sqrt{6}$ et à la déformation orthorhombique $\eta' = (e_{11} - e_{22})/\sqrt{2}$. $e_{ii} = \partial u_i/\partial x_i$ sont les composantes principales du tenseur des déformations et représentent les variations relatives des paramètres de maille. η et η' forment une base pour la représentation irréductible bi-dimensionnelle E_g. C_{44} est associée au cisaillement e_{xy} de symétrie T_{2g}. η contracte un paramètre de maille et allonge les deux autres, conduisant ainsi à la maille tétragonale de β-Sn. D'après Musgrave et Pople [43], cette instabilité mécanique est commune à beaucoup de semiconducteurs ayant une maille cubique.

En augmentant la pression, la déformation η' transforme la maille tétragonale en une maille orthorhombique. Cette dernière phase a été révélée par McMahon *et al.* [44]. Pour étudier cette séquence de transitions de phase, on doit considérer un développement de l'énergie élastique au sixième ordre, impliquant les constantes élastiques du deuxième au sixième ordre et des déformations non-linéaires. Néanmoins, comme déjà signalé, seules les constantes du deuxième et troisième ordre ont été mesurées. Pour aller plus loin, quelques approximations seront nécessaires. La figure 1.10 montre le ramollissement de la constante de cisaillement $G_1 = (C_{11} - C_{12})/2$ sous l'effet d'une contrainte uniaxiale appliquée le long de [001] (voir § 1.2.2). En exprimant la contrainte σ en GPa, le coefficient λ associé à G_1 est égal à $1,98 \ 10^{-2}$ et Π à $-6,08 \ 10^{-3}$ (voir Eq.1.20). Comme la transition de phase Si I $\Rightarrow$ Si II est displacive du premier ordre, G_1 ramollira sous l'effet de la pression, mais ne s'annulera pas au point de transition de phase. Dans la phase β-Sn, G_1 durcira à nouveau.

La déformation tétragonale η peut s'écrire sous la forme : $\eta = (c_T^2 - a_T^2)/\sqrt{6}a_C^2$ où a_T et c_T sont les paramètres de maille de la phase β-Sn, juste au dessus du point de transition de phase, et a_C le paramètre de la maille cubique, juste au dessous du point de transition de phase. Depuis le travail de Jamieson et $al.$, en 1962, toutes les mesures montrent que la phase Si II a une maille quadratique avec c_T/a_T égal à 0,5 au point de transition de phase. En utilisant les mesures de rayon X de McMahon et $al.$ [44], on trouve que $\eta = -0,22$ au point de transition de phase. Cette valeur est aussi valable sous indentation.

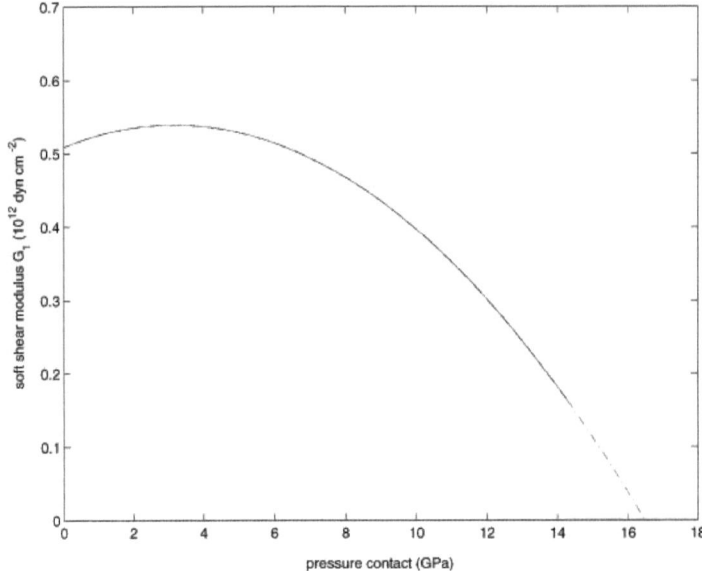

FIGURE 1.10 – $Variation$ du $module$ de $cisaillement$ $(C_{11}\text{-}C_{12})/2$ en $fonction$ $d'une$ $contrainte$ $uni\text{-}axiale$ $appliquée$ $dans$ la $direction$ $[001]$.

En considérant un développement de l'énergie élastique jusqu'au 4è ordre :

$$U(\eta) - U(0) = \sum_{n=2}^{N \geq 4} C_n \eta^n \qquad (1.21)$$

on trouve que η au point de transition de phase est égal à $-3G_1/C_3$ où $C_3 = (C_{111} - 3C_{112}+2C_{123})/2\sqrt{6}$. Dans le cadre de la théorie de Landau, le coefficient C_3 est supposé constant. Avec cette approximation, on déduit de la figure 1.10 que la transition de phase Si I $\Rightarrow$ Si II a lieu à une pression de 14,3 GPa ; avec une composante hydrostatique égale à 4,8 GPa. La composante de cisaillement, $4,8(-\delta_{ij} + 2\delta_{i3}\delta_{j3})$, de symétrie E_g, peut se coupler linéairement à η. Elle tend à accélérer la transition de phase. La valeur théorique de la pression de contact qui induit la transition de phase Si I $\Rightarrow$ Si II est comparable à la valeur estimée par Williams *et al.* i.e., 13,3 GPa [32]. Les auteurs ont utilisé un indentateur sphérique en diamant. L'écart est de 7 % avec la valeur calculée.

La théorie de Landau considère que le paramètre d'ordre, η, est homogène. Pour trouver ses variations spatiales, on applique la théorie du contact décrite ci-dessus. On trouve que la déformation tétragonale qui induit la transition de phase Si I $\Rightarrow$ Si II s'écrit :

$$\eta(r) = \frac{\sigma_t}{2\pi\sqrt{6}} Im \int_0^{2\pi} \sum_{\alpha=1}^{N\leq 3} [2m_\alpha(\phi)\epsilon_{3\alpha}(\phi) - cos\theta\epsilon_{1\alpha}(\phi)$$
$$-sin\theta\epsilon_{2\alpha}(\phi)]KM_{\alpha 3}(\phi)\Pi_\alpha(r,\phi)d\phi \tag{1.22}$$

Les paramètres impliqués dans l'intégrale sont ceux de la phase II du silicium. Leur signification a été déjà donnée. η est égal à zéro dans la phase cubique du silicium. Cette équation est déduite par dérivation du champ de déplacement par rapport aux coordonnées cartésiennes (voir § 1.2). $\sigma_t = p_o$ est la contrainte appliquée. Nous avons posé :

$$\Pi_\alpha = 1 - \frac{\varpi_\alpha}{2a}ln\left[\frac{\varpi_\alpha + a}{\varpi_\alpha - a}\right] \tag{1.23}$$

avec $\varpi_\alpha = \mathbf{q}.\mathbf{x} + m_\alpha x_3$ (voir la référence [12]). $KM_{\alpha s}$ et $\kappa_{k\alpha}$ dépendent des coefficients élastiques et de la direction $\mathbf{q}.\mathbf{n}$ sur la surface libre de l'échantillon.

Au point de transition de phase, la déformation tétragonale η subit un saut de -0,22. Pour calculer les variations spatiales de η, nous avons besoin d'estimer les six constantes élastiques du deuxième ordre de Si II, au voisinage du point de transition de phase. On peut les écrire sous la forme :

$$C_{IJ}(\sigma_t) \;=\; C_{IJ} + \Delta_{IJ}\eta \qquad\qquad (1.24)$$

Les termes d'ordres supérieurs sont négligés. Les constantes élastiques $C_{IJ}(\sigma_t)$ sont celles de la phase I, juste au dessous du point de transition de phase. Elles peuvent être calculées à l'aide de la méthode de Thurston et Brugger [15]. Le saut $\Delta_{IJ}\eta$ est dû à l'apparition de la déformation spontanée η. Les détails de calcul sont donnés ci-dessous :

$$\Delta_{11} = \Delta_{22} = -\Delta_{33}/2 = (1/\sqrt{6})(c_{112} - c_{111}) = 152.68 \; GPa$$
$$\Delta_{44} = \Delta_{55} = -\Delta_{66}/2 = (1/\sqrt{6})(c_{155} - c_{144}) = -131.45 \; GPa \qquad (1.25)$$
$$\Delta_{13} = \Delta_{23} = -\Delta_{12}/2 = (1/\sqrt{6})(c_{112} - c_{123}) = -157.99 \; GPa$$

Le calcul de la profondeur de pénétration ou le rayon de la surface de contact nécessite la connaissance des caractéristiques de l'indentateur. Elles interviennent par le biais de l'intégrale suivante :

$$\frac{3}{16\pi} \int_0^{2\pi} \sum_{\alpha=1}^{3} \kappa_{3\alpha}(\phi) K M_{\alpha 3}(\phi) d\phi \qquad\qquad (1.26)$$

Le calcul de D nécessite la connaissance de tous les coefficients élastiques du diamant [28]. Mais comme il est très dur, on peut négliger les variations des C_{IJ} sous l'effet de la pression de contact. Par ailleurs, ses constantes du quatrième ordre ne sont pas connues. La construction de la matrice Γ_{ik} et le calcul de m_α, $\kappa_{k\alpha}$ et du facteur $KM_{\alpha 3}$ ne posent aucun problème. Comme l'a déjà signalé Farnell [14], le nombre de racines m_α peut être inférieur à trois pour un cristal non cubique. Dans la phase tétragonale de Si, nous avons trouvé deux racines physiquement acceptables. Elles sont imaginaires pures. Nous avons utilisé le logiciel Mathematica pour évaluer l'intégrale Eq.1.26. La présence de fonctions oscillantes dans l'intégrand augmente considérablement le temps de calcul. Le calcul a été réalisé sur un PC équipé d'un pentium II à 450 MHz et une mémoire vive de 256 Mo. Les variations spatiales de la déformation tétragonale η ou paramètre d'ordre de la transition de phase Si I $\Rightarrow$ Si II sont visibles sur la figure 1.11. Pour des raisons de symétrie, seule une moitié est montrée. La ligne de frontière entre la phase métallisée du silicium (en noir) et l'indentateur sphérique (en blanc) est bien visible.

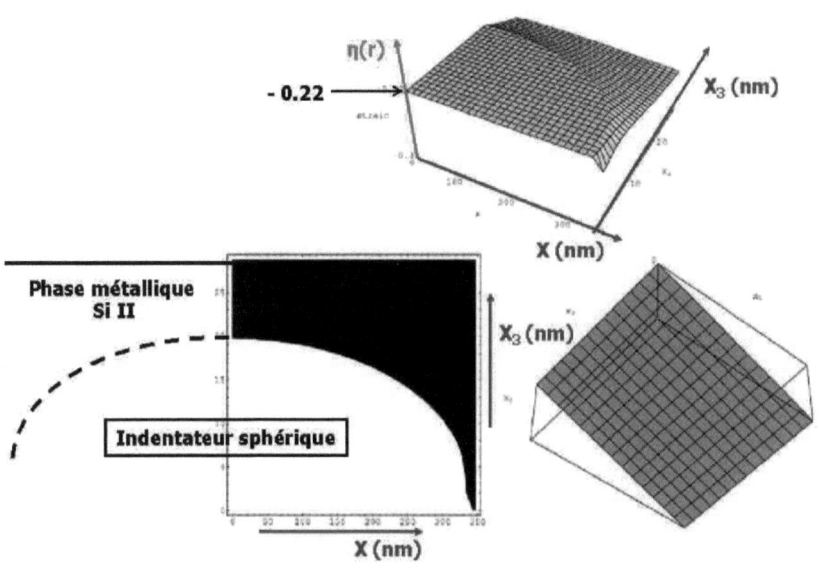

FIGURE 1.11 – *Vue supérieure : Variations spatiales de la contrainte tétragonale $\eta(r) = \eta(x,\, x_3)$. x est la norme du vecteur 2D : $\boldsymbol{x} = (x_1,\, x_2)$. La surface libre $x_3 = 0$ est soumise à un indentateur sphérique. La surface de contact projetée est un cercle. Vue inférieure, du côté droit : le plan non déformé (x, x_3). Côté gauche : représentation du contour avec une contrainte égale à $-0,22$. Il montre l'étendue de la phase β-Sn dans le plan déformé (secteur noir) sous l'indentateur (secteur blanc). L'unité de la longueur est le nanomètre.*

1.3 Conclusion

Nous avons présenté dans ce chapitre la théorie de contact. Pour tenir compte de l'anisotropie des matériaux, nous nous sommes appuyés sur le modèle de Willis, qui améliore le modèle isotrope de Hertz. Nous avons montré le lien qui existe entre ce modèle et d'autres modèles disponibles dans la littérature (Stroh, Barnett, Farnell).

Pour tenir compte de l'anharmonicité, c'est-à-dire les effets non-linéaires, nous avons ajouté les variations des coefficients élastiques du second ordre sous l'effet de la pression de contact, en s'appuyant sur les idées développées précédemment par Thurston et Brugger et qui furent reprises par Wallace [45]. Ces variations s'expriment à l'aide des constantes élastiques du troisième et quatrième ordre.

Sous l'indentateur, l'échantillon subit des transitions de phase displacives, jamais prises en compte. En combinant la théorie du contact et la théorie de Landau des transitions de phase, nous avons, pour la première fois, modélisé la transition de phase qui métallise le silicium.

Tenir compte de la déformation plastique est théoriquement possible même si la tâche est ardue. Néanmoins, le réseau de dislocations dans un matériau comme le silicium est très complexe. Ce qui complique davantage cette tâche.

Chapitre 2

L'osmium

2.1 Introduction

Le diamant est la variété haute température-haute pression d'un élément léger : le carbone. Il possède diverses propriétés intéressantes, et en particulier deux d'entre elles. Il est le plus dur (H = 96 GPa) et aussi le moins compressible, au moins jusqu'à une date récente. Ceci signifie qu'il peut supporter des forces de pression et de cisaillement importantes sans variation notable de son volume ou de sa forme. Ces propriétés exceptionnelles sont dues à de fortes liaisons covalentes.

Le diamant et le nitrure de bore cubique c-BN (H = 63 GPa) sont les plus durs. Compte tenu de la composition et de la structure cubique de ces deux matériaux, on prévoit que les nouveaux matériaux durs soient composés de petits atomes (carbone, bore, azote, oxygène, aluminium, silicium), séparés par de courtes distances et formant des liaisons chimiques fortes suivant les trois dimensions de l'espace. Nous montrons dans cette thèse que même des atomes lourds comme l'osmium peuvent participer à la formation de la matière dure.

L'osmium est un métal précieux appartenant au groupe du platine : Ru, Rh, Pd, Ir, Pt. Ils sont dans la colonne VIII du tableau périodique (voir table 2.1). La production mondiale de ces éléments est très faible. Ils sont rares et donc coûteux. Ces métaux de transition possèdent des propriétés mécaniques, thermiques et électroniques exceptionnelles. La structure électronique de leurs couches externes est caractérisée

Élement	Ru	Rh	Pd
Numéro atomique	44	45	46
Masse atomique	101.7	102.9	106.7

Élement	Os	Ir	Pt
Numéro atomique	76	77	78
Masse atomique	190.2	193.1	195.2

Applications	
	Convertisseurs catalytiques pour automobiles
	Catalyseurs dans l'industrie pétrolière
	Composants anti-corrosifs
	Électronique
	Joaillerie
	etc.

TABLE 2.1 – *Élements du groupe du platine et leurs applications.*

par des couches d pleines, comme le palladium ($[Kr]4d^{10}$), ou des couches à moitié pleines, comme l'osmium ($[Xe]6s^2 4f^{14} 5d^6$). Ils sont donc plus stables. Ils sont utilisés principalement sous forme d'alliages ou de composés avec des atomes légers (C, N, O, etc.). L'insertion des éléments du groupe du platine dans les métaux augmente considérablement leurs propriétés mécaniques. Les applications de ces métaux sont nombreuses : convertisseurs catalytiques pour réduire l'oxyde d'azote et d'autres polluants nocifs émis par les automobiles, catalyseurs dans les industries chimiques et pétrolières, composants anti-corrosifs ou pouvant supporter de très hautes températures, bijoux, etc.

L'osmium est le métal le plus lourd. Sa dureté, bien que faible, reste supérieure à celles des autres métaux. Il est utilisé pour obtenir des alliages durs. L'insertion d'une très faible quantité d'osmium dans le zinc double la dureté du composé binaire formé. On savait depuis plusieurs décennies, que son module d'incompressibilité calculé était élevé, c'est-à-dire qu'il pouvait supporter de fortes pressions hydrostatiques sans dommages. Selon Friedel et Sayers [46], ce coefficient est corrélé au taux de remplissage des bandes électroniques 5d de l'osmium.

A ce jour, le diagramme de phase de l'osmium est inconnu, i.e., on ne connaît que sa phase hexagonale. Deux explications sont données pour expliquer l'absence de polymorphes de l'osmium. D'abord, il a mauvaise "réputation". L'osmium solide n'est pas affecté par l'air à température ambiante, mais la poudre d'osmium s'oxyde doucement pour former le tétroxyde OsO_4 qui est fortement toxique. La seconde raison est que de fortes pressions sont nécessaires pour transformer sa structure. Cynn et *al.* l'ont récemment comprimé jusqu'à 65 GPa sans noter de changement de phase [17]. En ajustant la courbe P-V obtenue à l'aide de l'équation d'état de Birch-Murnaghan, ces auteurs ont trouvé que le module d'incompressibilité de l'osmium est de l'ordre de 462 GPa, alors que celui du diamant est de 443 GPa. Ces mesures de rayons X sous pression ont été refaites par Kenichi, qui a trouvé un module de compressibilité plus faible, 395 GPa [18]. L'auteur a utilisé de l'hélium comme milieu transmetteur dans la presse à enclumes de diamants, alors que Cynn et ses collègues ont utilisé de l'argon. Kenichi pense avoir ainsi réduit beaucoup plus la contrainte uniaxiale. Le module d'incompressibilité est assez bien corrélé à la dureté. Il joue le rôle de guide dans la simulation de nouveaux matériaux durs. Depuis la découverte de Cynn et *al.*, beaucoup de travaux expérimentaux et théoriques ont été consacrés à ce matériau si méconnu, qu'est l'osmium [17][18][19][20]. On s'attend à ce qu'un polymorphe, un composé ou un alliage de l'osmium pourrait être dur. Les complexes d'osmium sont également très étudiés, car ils constituent d'excellents colorants pour les nouvelles générations de cellules solaires. Ces complexes présentent d'excellentes capacités d'absorption de la lumière visible.

Dans ce chapitre, nous étudierons la compressibilité et la stabilité de l'osmium à très hautes pressions hydrostatiques ; au delà de ce qui possible expérimentalement. L'effet de température est également considéré. Il est bien connu que les changements structuraux obtenus sous pression peuvent conduire à des phases dures. Par exemple, le diamant, le nitrure de bore cubique (c-BN) et la stishovite sont obtenus à partir du fullerène C_{60}, du BN hexagonal et de la silice SiO_2. A signaler que dans le cas de BN, il faut également chauffer. Dans le cas des métaux de transition, la phase ω du titane, qui est une phase hexagonale à trois atomes par maille obtenue par compression, est deux fois plus dure que la phase hexagonale compacte. De plus, les propriétés de supra-conductivité de la phase ω sont remarquables. D'autres métaux de transition (Hf, Zr) possèdent une phase ω. Comme nous allons le voir, la phase ω de l'osmium peut être obtenue dans des conditions extrêmes.

La compressibilité de l'osmium est comparée à celle du diamant. Le module d'incompressibilité, qui traduit la résistance d'un matériau au changement de volume, est un coefficient phénoménologique. Il dépend des conditions expérimentales et nécessite plusieurs approximations théoriques pour le calculer. Par ailleurs, plusieurs méthodes de calcul sont utilisées dans la littérature. La comparaison de deux modules d'incompressibilité ne peut pas servir de façon quantitative à comparer les duretés.

2.2   Détails de calcul

Le développement de la puissance de calcul des ordinateurs et des méthodes numériques permet de simuler diverses propriétés du solide avec exactitude. Dans ce travail, nous avons utilisé le code FHImd [47], version 98, basé sur la théorie de la fonctionnelle de densité (DFT). Les principales lignes de cette théorie microscopique du solide sont rappelées en annexe C. Ce code utilise les pseudopotentiels. Au potentiel créé par les noyaux atomiques, on soustrait le potentiel créé par les électrons de coeur, pour obtenir le (pseudo)potentiel subi par les électrons de valence. Rappelons que ce sont ces derniers qui déterminent les propriétés physico-chimiques des matériaux. Dans ce travail, nous avons utilisé un pseudopotentiel de type Hamann, avec la configuration atomique $5d^6 6s^2$ pour l'osmium et $2s^2 2p^2$ pour le carbone. Pour le terme d'échange et de corrélation, nous avons considéré l'approximation de la densité locale (LDA). L'algorithme de Joannopoulos a été utilisé pour minimiser l'énergie totale (voir figure 2.1). La méthode de Monkhorst et Pack a été utilisée pour échantillonner la zone de Brillouin. Par manque d'informations, les vibrations du réseau n'ont pas été prises en compte. Les résultats numériques donnés ci-dessous sont donc valables à température nulle. La figure 2.1 montre la minimisation de l'énergie électronique en fonction de la taille de la base sur laquelle sont décomposées les fonctions d'ondes et en fonction du nombre d'itération.

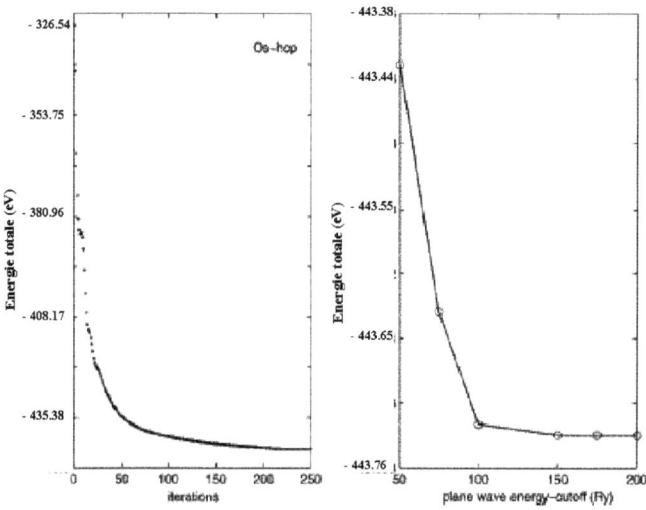

FIGURE 2.1 – *Convergence de l'énergie électronique totale de l'osmium en fonction du nombre d'itération (à gauche) et du cut-off $E_{cut-off}$ (à droite).*

2.3 Compressibilité

2.3.1 Compressibilité du diamant

Avant de donner nos prédictions théoriques concernant l'osmium, métal peu étudié, nous commençons par recalculer la compressibilité du diamant. Le diamant est une phase "métastable" du carbone. Le réseau est cubique à faces centrées. Une base primitive de deux atomes identiques placés en $(0, 0, 0)$ et $(1/4, 1/4, 1/4)$ est associée à chaque noeud (voir table 2.2). Sa structure résulte des liaisons covalentes directionnelles. Chaque atome de carbone est lié à quatre autres, formant un tétraèdre régulier. Les quatre électrons de valence du carbone forment des orbitales hybrides sp^3 dirigées vers les sommets du tétraèdre (figure 2.2).

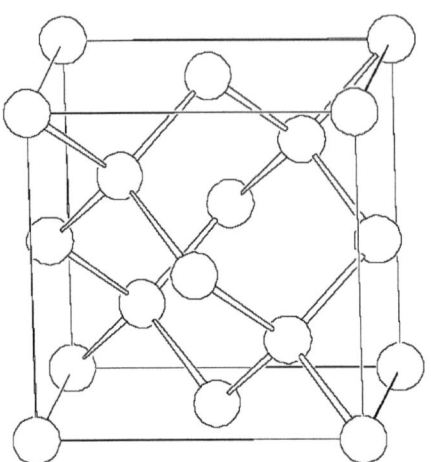 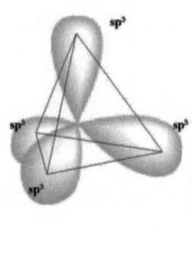

FIGURE 2.2 – *Structure du diamant et hybridation* sp^3 *du carbone.*

Symétrie	Cubique	
Groupe spatial	Fd3m(227)	
Atomes par maille	8	
Paramètre de maille (Å)	3.56	
Positions atomiques	$(0,0,0)$	$\left(\frac{1}{2},\frac{1}{2},0\right)$
	$\left(\frac{1}{2},0,\frac{1}{2}\right)$	$\left(0,\frac{1}{2},\frac{1}{2}\right)$
	$\left(\frac{1}{4},\frac{1}{4},\frac{1}{4}\right)$	$\left(\frac{3}{4},\frac{3}{4},\frac{1}{4}\right)$
	$\left(\frac{3}{4},\frac{1}{4},\frac{3}{4}\right)$	$\left(\frac{1}{4},\frac{3}{4},\frac{3}{4}\right)$

TABLE 2.2 – *Données structurales du diamant.*

La variation de l'énergie en fonction du volume ou des déformations de la maille permet de calculer les paramètres structuraux, le module d'incompressibilité B_o, sa dérivée par rapport à la pression B_o', les constantes élastiques, etc. Ces dernières interviennent dans l'expression de plusieurs quantités comme le module de Young E, le rapport de Poisson ν, le module d'incompressibilité B_o, le module de cisaillement G, etc. Pour comparer, nous avons regroupé quelques grandeurs structurales du diamant et de l'osmium dans la table 2.3. Dans ce qui suit, nous considérerons une large

Propriétés	diamant	osmium
Structure	fcc	hcp
Nombre atomique	6	76
Coordination	4	12
paramètres de maille (a.u.)	6.72742	5.16802 ; 8.16229
Volume atomique (cm^3/mol.)	3.42	8.49
Point de fusion (^{o}C)	3,820	3,050
Dureté(HV)	8,400	530
Module d'incompressibilité (GPa)	443	464
Module de cisaillement (GPa)	535	244
Constantes élastiques (GPa)		
C_{11}	1076	888
C_{12}	125	379
C_{44}	576	155
C_{13}	-	119
C_{33}	-	1169

TABLE 2.3 – *Quelques grandeurs physiques associées à la force des liaisons chimiques* [48].

variation du volume, i.e, $V/V_o = 0,4$ - $1,6$. V_o est le volume à pression nulle. Bien que la décompression soit prise en compte, nous omettrons d'en parler pour simplifier. La figure 2.3 montre la variation de l'énergie du diamant et de l'osmium en fonction du volume. Nos résultats obtenus avec une base d'ondes planes très large (cercles) coïncident avec ceux de Chelikowsky et Louie (croix) [49]. A forte compression, ils coïncident aussi avec les résultats de Biswas *et al.* (points) [50]. Ces derniers auteurs ont utilisé une petite et une grande bases et trouvé que les deux courbes se rapprochent l'une de l'autre quand le volume décroît. Les auteurs attribuent ce comportement à l'augmentation de l'énergie cinétique sous l'effet de la pression hydrostatique. La courbe continue est la courbe d'ajustement obtenue avec l'équation d'état de Vinet [51] :

$$E(\eta) = E_o + \frac{2B_oV_o}{(B_o'-1)^2}\left(2-(5+3B_o'(\eta-1)-3\eta)\,e^{-3(B_o'-1)(\eta-1)/2}\right) \quad (2.1)$$

ou l'équation de Poirier-Tarantola [52] :

$$E(\varrho) \;=\; E_o + \frac{B_o V_o \varrho^2}{6}(3 + \varrho(B_o' - 2))   \qquad (2.2)$$

où $\eta = \left(\frac{V}{V_o}\right)^{\frac{1}{3}}$ et $\varrho = -3Ln(\eta)$. V_o, B_o, B_o' et E_o sont les paramètres d'ajustement. Les trois derniers correspondent au module d'incompressibilité, sa dérivée par rapport à la pression et l'énergie à pression nulle. Les valeurs de B_o et B_o' sont données dans la table 2.6 pour différents intervalles de volumes. Les valeurs de V_o et E_o ne sont pas données. Elles peuvent être lues sur les courbes. Les équations d'état de Vinet et de Poirier-Tarantola donnent des résultats équivalents. L'équation d'état de Birch-Murnaghan [53] :

$$E(\eta) \;=\; E_o + \frac{9B_o V_o}{16}(\eta^2 - 1)^2(6 + B_o'(\eta^2 - 1) - 4\eta^2)   \qquad (2.3)$$

est basée sur un développement limité du module d'incompressibilité B_o et par conséquent n'est valable que pour de faibles compressions. Dans le cas du diamant, Le module d'incompressibilité et sa dérivée par rapport à la pression B_o', sont presque constants. Ils ne dépendent pas de l'équation d'état choisie, ni de l'intervalle de volume utilisé. Ces résultats traduisent la stabilité du diamant. Par rapport à la valeur mesurée, la valeur calculée de B_o est surestimée de 5 à 7,5 %. La valeur de B_o' est inférieure à 5, comme pour la plupart des matériaux. B_o' peut être exprimé à l'aide des constantes élastiques C_{IJK} et représente, partiellement, l'anharmonicité élastique du matériau. Les C_{IJK} peuvent être mesurées à l'aide des techniques ultrasonores.

2.3.2   Compressibilité de l'osmium

La table 2.4 donne les valeurs du module d'incompressibilité B et de sa dérivée B_o', trouvées dans la littérature. Le module d'incompressibilité de l'osmium est systématiquement inférieur au module d'incompressibilité du diamant. Pour simplifier le calcul, Cohen a considéré une structure cubique à faces centrées pour l'osmium [54]. La table 2.5 et la figure 2.5 regroupent les informations sur trois structures de l'osmium étudiées dans cette thèse. La figure 2.4 donne le module d'incompressibilité calculé de quelques métaux de transition. Les éléments du groupe du platine montrent un module très

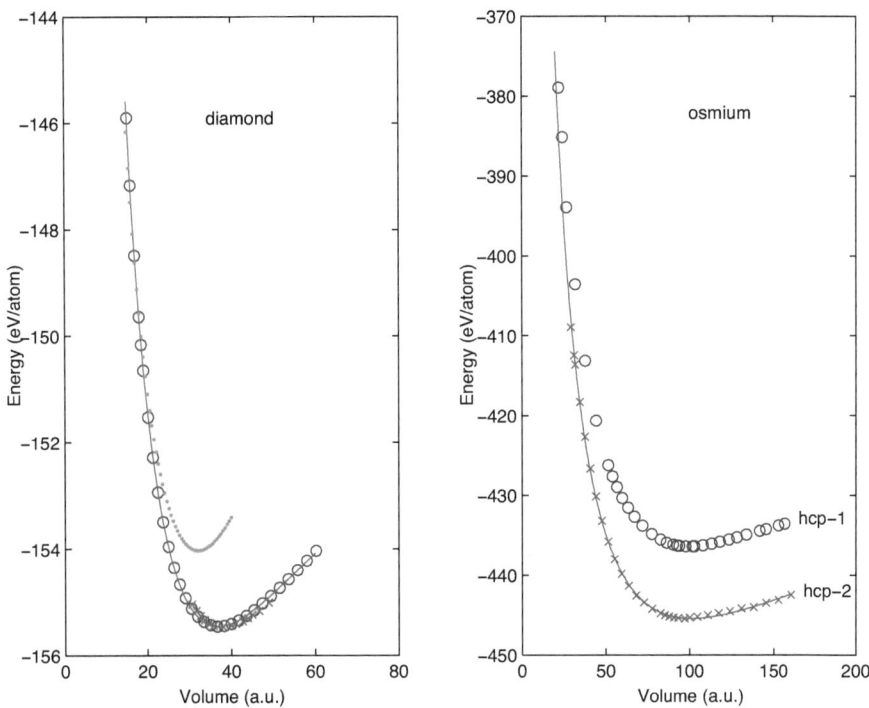

FIGURE 2.3 – *A gauche : Variation de l'énergie électronique totale du diamant en fonction du volume (cercles). Les résultats de deux autres groupes de recherche sont reportés (croix [49] ; points [50]). La ligne continue correspond au meilleur ajustement obtenu à l'aide de l'équation d'état de Vinet. A droite : Variation de l'énergie totale de l'osmium en fonction du volume. Les courbes notées hcp-1 et hcp-2 ont été obtenues avec une petite et une grande base d'onde planes, respectivement.*

élevé.

Le comportement de l'osmium à haute pression est plus complexe. Sa structure hexagonale compacte ($P6_3/mmc = D_{6h}^4$) possède deux atomes par maille. Une optimisation du rapport des deux paramètres de maille c/a doit être faite préalablement. A très basse température, on a trouvé que le rapport c/a est égal à 1,7. La différence par rapport à la valeur expérimentale (1,6) est assez faible. La figure 2.3 montre la

Val. exp.		Val. théo.		Réf.
B_o[GPa]	B'_o	B_o[GPa]	B'_o	
462	2.4	444.8	4.4	Young [17]
395(15)	4.5(5)	-	-	Kenichi [18]
-	-	434	4	Joshi [19]
411	4.0	437.3	4.46	Occelli [20]
-	-	476.1	-	Wills [62]

TABLE 2.4 – *Valeurs du module d'incompressibilité B_o et de sa dérivée par rapport à la pression B'_o trouvées dans la littérature.*

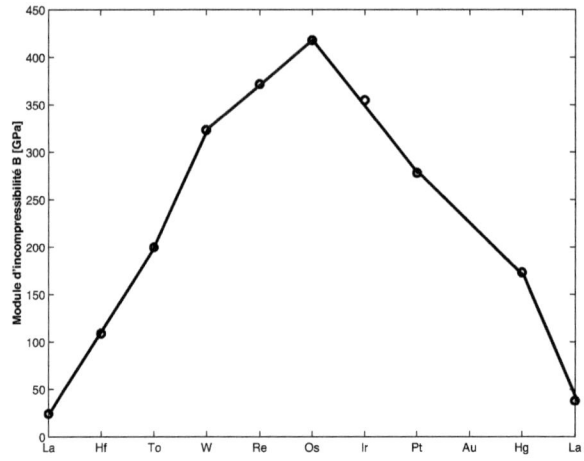

FIGURE 2.4 – *Module d'incompressibilité de quelques métaux de transition* [55].

variation de son énergie en fonction du volume. Nous avons considéré deux bases de tailles différentes pour le développement des fonctions d'ondes : $E_{cut} = 75$ et 200

Structure	Groupe spacial	Atomes par maille	Positions atomiques
hcp	$P6_3/mmc = D_{6h}^4$	2	$(0,0,0)$ $\left(\frac{2}{3},\frac{1}{3},\frac{1}{2}\right)$
$\omega - Os$	$P6/mmm = D_{4h}^1$	3	$(0,0,0)$ $\left(\frac{1}{3},\frac{2}{3},\frac{1}{2}\right)$ $\left(\frac{2}{3},\frac{1}{3},\frac{1}{2}\right)$
cfc	$Fm\bar{3}m$	4	$(0,0,0)$ $\left(\frac{1}{2},\frac{1}{2},0\right)$ $\left(\frac{1}{2},0,\frac{1}{2}\right)$ $\left(0,\frac{1}{2},\frac{1}{2}\right)$
cc	$Pm\bar{3}m$	2	$(0,0,0)$ $\left(\frac{1}{2},\frac{1}{2},\frac{1}{2}\right)$

TABLE 2.5 – *Structures de l'osmium considérées dans ce chapitre.*

Ry. Plus la compression augmente, plus les deux courbes se rapprochent. Les courbes d'ajustement ont été obtenues à l'aide de l'équation de Vinet. La table 2.6 donne les valeurs de B_o et B_o', obtenues par ajustement. Comme dans le cas du diamant, on s'attend qu'elles soient surestimées de moins de 10 %. Contrairement au cas du diamant, ces valeurs présentent quelques anomalies que nous allons décrire. Pour les faibles compressions, $V/V_o : 1 \rightarrow 0,8$ ou $p < 115$ GPa (voir table 2.6), le module d'incompressibilité de l'osmium est plus grand que celui du diamant, ou en d'autres mots, l'osmium est moins compressible que le diamant. Cynn *et al.* avaient comprimé l'osmium jusqu'à 65 GPa, soit $V/V_o = 0,86$, sans observer de changement de phase [17]. Dans cet intervalle de volume, les auteurs ont raison [17], c'est-à-dire que l'osmium est bien moins compressible que le diamant. Cependant, nous constatons que la valeur de B_o' est très élevée, i.e., $>$ à 5. En augmentant la compression, $V/V_o : 0,85 \rightarrow 0,75$, les valeurs de B_o et de B_o' décroissent rapidement. L'osmium devient plus compressible que le diamant. A plus haute pression, la valeur de B_o' tend à se normaliser, i.e, $\simeq 5$, alors que B_o continue à se ramollir. Dans l'intervalle de volume $V/V_o : 0,7 \rightarrow 0,4$, la différence entre le module d'incompressibilité du diamant et celui de l'osmium est très importante. Le ramollissement de B_o sous l'effet de la pression est un signe précurseur d'une transition de phase isostructurale, i.e., de même groupe de symétrie ponctuelle. B_o est associé à la variation de volume $V/V_o = e_v = (e_{11} + e_{22} + e_{33})/\sqrt{6}$, qui va jouer le rôle de paramètre d'ordre de la transition de phase ou bien e_v sera couplé au paramètre d'ordre principal. Les composantes du tenseur des déformations e_{ii} expriment les variations relatives des trois paramètres de maille. Dans ce qui suit, on s'intéresse aux éventuels changements de structure de l'osmium sous pression hydrostatique.

EOS	material	\multicolumn{6}{c}{volume V/Vo}
		0.8 - 1.2	0.75 - 1.25	0.7 - 1.3	0.6 − 1.4	0.5 - 1.5	0.4 − 1.6
Vinet	Os	489	428	403	352	343	366
		8.2	6.2	5.1	3.9	3.8	3.2
	diamant	459	461	461	462	463	463
		3.6	3.6	3.6	3.6	3.6	3.7
Birch-Murnagnan	Os	497	426	397	350		
		8.0	6.3	5.1	3.7		
	diamant	457	460	459	457		
		3.6	3.5	3.6	3.5		
Poirier-Tarantola	Os	510	453	420	358	351	364
		7.0	6.1	5.1	4.1	3.9	3.1
	diamant	460	463	464	466	470	475
		3.6	3.6	3.6	3.6	3.7	3.7

TABLE 2.6 – *Valeurs du module d'incompressibilité B_o et de sa dérivée par rapport à la pression B_o' de l'osmium (hcp) et du diamant pour six intervalles de volumes et pour trois équations d'états. V_o est le volume à pression ordinaire.*

2.4   Diagramme de phase de l'osmium

La plupart des éléments de la table périodique cristallisent dans les structures hexagonale compacte (hcp), cubique centré (cc) ou à faces centrées (cfc) (voir figure 2.5). L'osmium et une dizaine d'autres métaux de transition cristallisent dans la phase

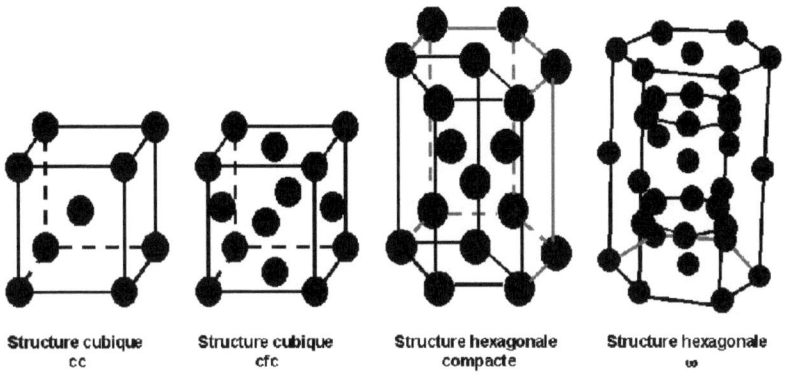

FIGURE 2.5 – *Structures cc, cfc, hcp et omega de l'osmium.*

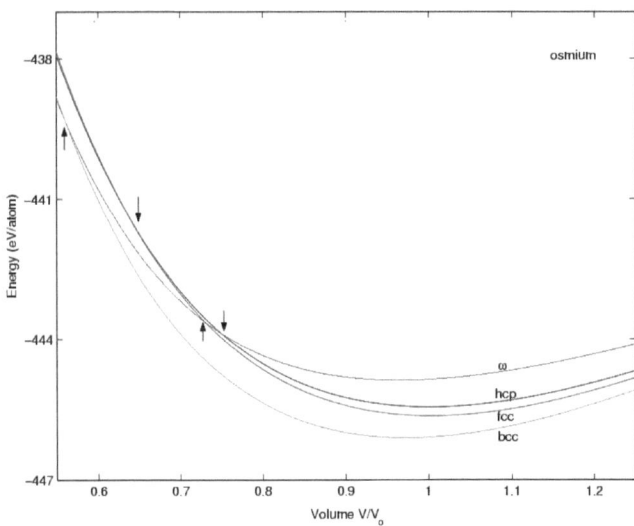

FIGURE 2.6 – *Variation de l'énergie électronique totale en fonction du volume pour les structures hcp, cfc, cc, et ω de l'osmium. V_o est le volume de la structure hcp à pression ordinaire.*

hcp. Sous pression, ils subissent diverses transformations structurales (voir table 2.7). La séquence hcp $\Rightarrow \omega \Rightarrow$ cc a été observée dans les métaux de transition du groupe IV (Ti, Zr et Hf). La phase ω est une phase hexagonale à trois atomes par maille ($P6/mmm = D_{6h}^1$) situés en (0, 0, 0), (1/3, 2/3, 1/2) et (2/3, 1/3, 1/2) (voir figure 2.5). Le rapport c/a de cette structure est égal à 0,612. Les propriétés mécaniques et de supra-conductivité de la phase ω sont remarquables. Par exemple, la phase ω du titane est deux fois plus dure que sa phase hexagonale compacte. Nous avons re-calculé l'énergie pour deux structures hypothétiques de l'osmium : cfc et ω (voir table 2.7). Les courbes d'ajustement sont montrées sur la figure 2.6. Chaque flèche montre une transition de phase possible. La pression à laquelle a lieu la transition de phase est donnée par la pente commune aux deux courbes. Néanmoins, il est plus correct de considérer l'enthalpie $H = E + PV$. A très faible température, la structure hypothétique cfc de l'osmium est plus stable que la structure hcp de 0,202 eV. En d'autres mots, en refroidissant l'osmium, on pourrait observer une transition de phase reconstructive hcp $\Rightarrow$

métal de transition	RTP phase	HP	phases		P_t (GPa)	Réf.
Sc	hcp $\to$	cc	-	-	23	[56]
Ti	hcp $\to$	ω	-	-	2-12	[57]
Co	hcp	-	-	-	-	
Y	hcp $\to$	9R $\to$	dhcp $\to$	cfc	10 ;26 ;39	[58]
Zr	hcp $\to$	ω $\to$	cc	-	2-6 ;30	[59]
Tc	hcp	-	-	-	-	
Ru	hcp	-	-	-	-	
Lu	hcp $\to$	9R $\to$	dhcp	-	18 ;35	[60]
Hf	hcp $\to$	ω $\to$	cc		38 ;71	[57]
Re	hcp	-	-	-	-	
Os	hcp $\to$	ω	-	-	840	[61]

TABLE 2.7 – *Transitions de phase sous pression hydrostatique des métaux de transition.*

cfc. Néanmoins, il faut signaler que ce type de transformation structurale nécessite de larges déplacements et une réorganisation drastique des positions atomiques. A partir de la courbe H vs P qui n'est pas montrée, nous avons trouvé que la transition de phase hcp $\Rightarrow \omega$ peut se produire vers 840 GPa à température ambiante. La structure cfc de l'osmium, si elle apparaît à basse température, subit d'abord une première transition vers une phase hexagonale à 350 GPa puis une deuxième transition vers la phase ω à 635 GPa. Ces pressions ne sont pas réalisables dans une presse à enclumes. Cependant, elles peuvent être accélérées par des contraintes de cisaillement. La nano-indentation combinée avec la spectroscopie Raman et/ou des mesures de conductivité peuvent révéler ces transitions de phase. Les ondes de choc constituent un autre moyen. De ces résultats, on peut esquisser le premier diagramme de phase de l'osmium (voir figure 2.7).

2.5 Propriétés élastiques de l'osmium

La dureté traduit la résistance des matériaux aux déformations élastiques et plastiques. Les constantes élastiques fournissent des informations fiables sur les propriétés mécaniques d'un matériau, et en particulier, sa dureté, via la corrélation qui existe entre cette grandeur mécanique et certains coefficients élastiques, comme le module d'incompressibilité B, et la constante de cisaillement isotrope du matériau G. En effet, la corrélation entre la dureté et B a été utilisée pendant deux décennies pour simuler de nouveaux matériaux durs. Rappelons que B traduit la résistance du matériau à sa variation de volume sous l'effet d'une pression hydrostatique et donc n'a aucun lien direct avec la dureté.

Les constantes élastiques peuvent être mesurées par des techniques ultra-sonores ou par spectroscopie Brillouin. A ce jour, les constantes élastiques C_{IJ} de l'osmium ne sont pas connues. Nous donnons ci-dessous un calcul ab-initio de ces constantes. Nous utiliserons ci-dessous la méthode standard, la plus simple à mettre en oeuvre, mais aussi la moins précise [38][65]. La méthode de la contrainte et celle utilisant les expressions analytiques des C_{IJ} sont plus précises. Néanmoins, elles nécessitent l'ajout de subroutines aux codes DFT.

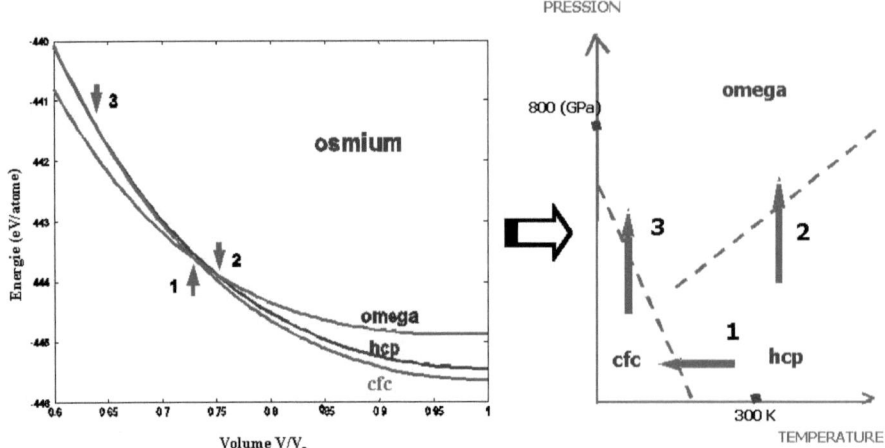

FIGURE 2.7 – *Diagramme de phase schématique de l'osmium.*

La méthode standard consiste à imposer des déformations ϵ à la maille et à calculer l'énergie du matériau $E(\epsilon)$ dans ces états déformés (voir annexe D). La figure 2.8 montre la variation de l'énergie en fonction de différentes déformations du cristal. L'énergie totale a été calculée pour des déformations variant entre $\epsilon = -0,04$ et $\epsilon = 0,04$. Les courbes obtenues sont ajustées à l'aide d'un développement de l'énergie élastique au second-ordre des points : $E(\epsilon) = E_o(0) + V_o C_{IJ} e_i e_j$, où C_{IJ} est une constante élastique, e_i une déformation et V_o le volume du cristal. Les cinq constantes élastiques de l'osmium sont données dans la table 2.8. La figure 2.8 montre le calcul de ces constantes.

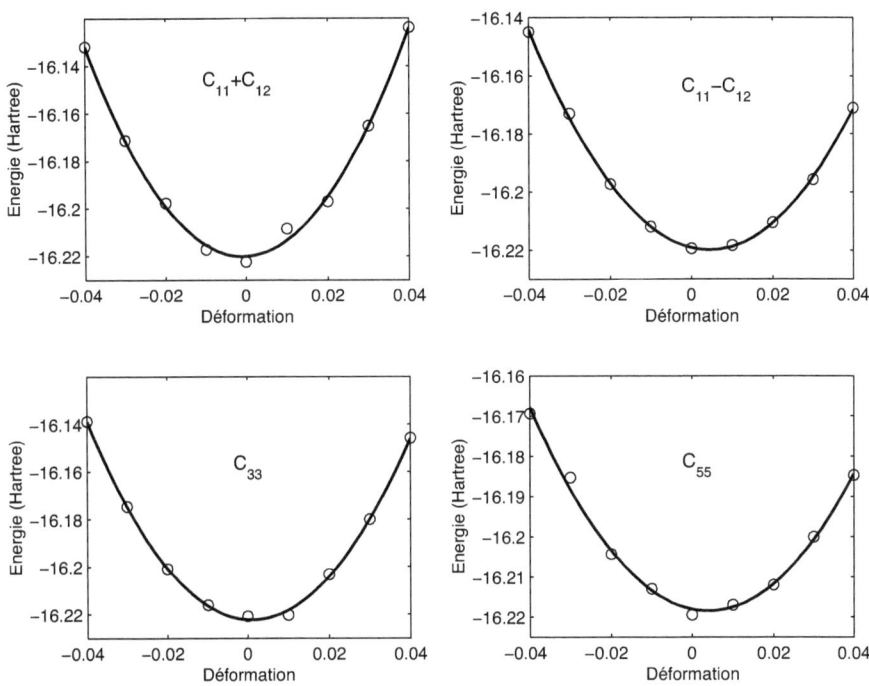

FIGURE 2.8 – *Variation de l'énergie électronique totale en fonction des déformations.*

C_{11}	C_{12}	C_{13}	C_{33}	C_{55}	Réf.
888	379	120	1170	155	Ce travail
894	249	245	1016	162	[62]

$$C_{66} = (C_{11} - C_{12})/2$$

TABLE 2.8 – *Constantes élastiques de l'osmium, exprimées en GPa.*

2.6   Dureté de l'osmium

L'osmium est un métal lourd (Z=76). Son module de Young, égal à 550 GPa, est voisin de celui du carbure de tungstène dont la dureté est de l'ordre de 30 GPa. Par ailleurs, les mesures sous pression hydrostatique montrent qu'ils est moins compressible que le diamant [17]. On s'attend donc à ce que la dureté de l'osmium soit élevée. En absence de mesures d'indentation, nous avons simulé la dureté en utilisant un code de DFT. Cette méthode de calcul nous a permis de calculer toutes les constantes élastiques de l'osmium. Teter a montré que le module de cisaillement isotrope G est mieux corrélé à la dureté que le module d'incompressibilité B [63]. Ces deux coefficients peuvent être exprimés à l'aide des constantes élastiques. Il existe dans la littérature une bonne dizaine de formules permettant de calculer le module de cisaillement isotrope. Nous avons regroupé dans la table 2.9, quelques valeurs de G. Ces valeurs ont été obtenues en utilisant les formules de Voigt et de Reuss (voir annexe D).

La moyenne de Voigt et Reuss donnent les limites inférieure et supérieure de G. l'écart entre ces deux valeurs est important ce qui fait que l'encadrement de la valeur de G est très large. La moyenne de Hill nous donne une moyenne de ces limites de Voigt et Reuss donc une valeur plus proche de l'expérience :

$$G_{Hill} = (G_{Voigt} + G_{Reuss})/2 \qquad (2.4)$$

Les modules de cisaillement sont déduits des valeurs théoriques des constantes élastiques. ces dernières n'ont jamais été mesurées. Nos résultats de simulation coïncident bien avec les valeurs théoriques de la littérature [62].

G_V	G_R	G_{Hill}	Réf
268	221	244	Nos Valeurs
267	235	251	[62]

TABLE 2.9 – *Modules théoriques de cisaillement de l'osmium.*

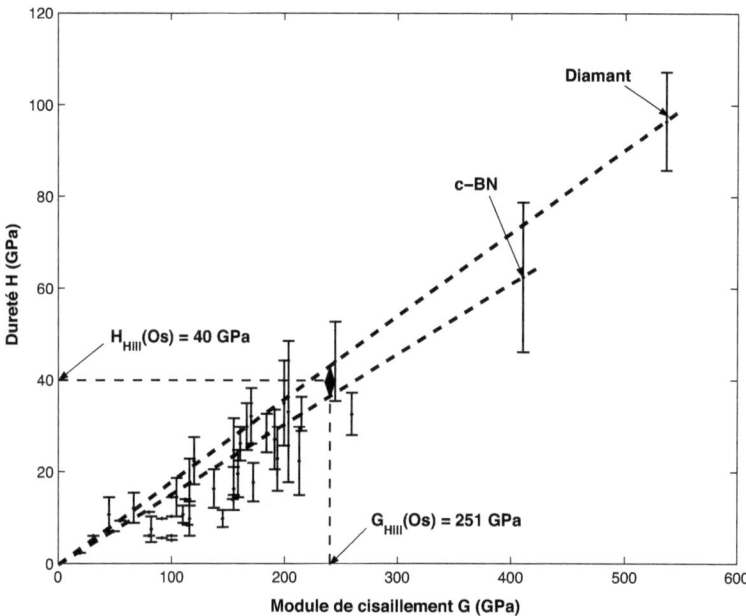

FIGURE 2.9 – *Relation entre dureté et module de cisaillement isotrope (compilation de Teter)* [63].

En utilisant la corrélation qui existe entre la dureté et la constante de cisaillement, découverte par Teter, on trouve que la dureté de l'osmium est de l'ordre de 40 GPa (voir figure 2.9). La compilation de Riedel donne une valeur similaire (voir figure 2.10). Taylor et *al.* donnent dans un article datant des années soixante, une dureté de 530 HV ($\approx$ 6 GPa) pour l'osmium [64]. Ce désaccord a plusieurs origines possibles. (a) La valeur de Taylor et *al.* est erronée. (b) Nos calculs sont faux. (c) Les compilations de Teter et de Riedel présentent beaucoup d'exception. Nous pensons que la troisième hypothèse est la bonne, car le module d'incompressibilité de l'osmium est également mal corrélé avec la dureté (voir figure 2.11). De plus, les valeurs calculées de B coïncident bien avec les valeurs théoriques disponibles dans la littérature (voir table 2.4).

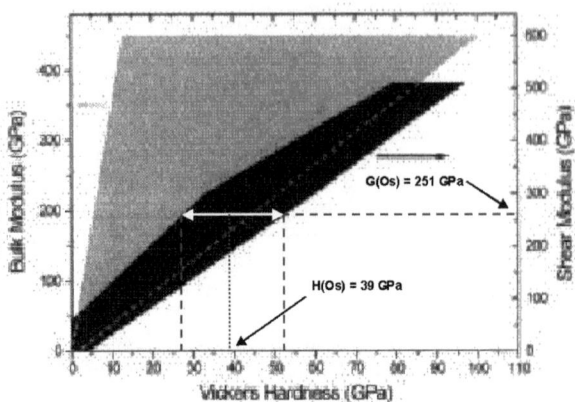

FIGURE 2.10 – *Relation entre dureté et module de cisaillement isotrope et module d'incompressibilité (compilation de Riedel)* [85].

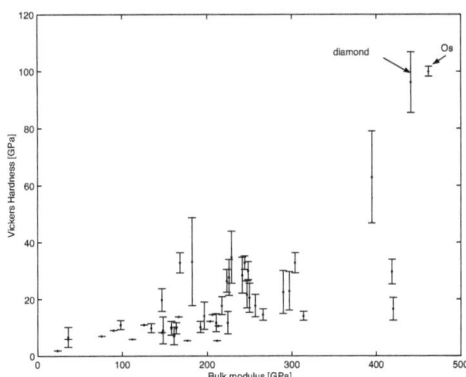

FIGURE 2.11 – *Relation entre dureté et module d'incompressibilité B pour une large variété de matériaux [63]. La dureté de l'osmium serait supérieure à la dureté du diamant. L'osmium apparaît comme une exception.*

2.7 Conclusion

Nous avons étudié la compressibilité de l'osmium et du diamant. Nous avons aussi suggéré le premier diagramme de phase de l'osmium. Dans le détail, nous avons calculé la variation de l'énergie de l'osmium et du diamant en fonction du volume. Pour obtenir leurs modules d'incompressibilité et leurs dérivées par rapport à la pression, les courbes obtenues ont été ajustées à l'aide de trois équations d'état (Vinet, Poirier-Tarantola et Birch-Murnaghan). L'influence de l'intervalle de volume considéré lors de l'ajustement a été pris en compte. Comme Cynn et *al.* [17], nous avons trouvé que l'osmium est moins compressible que le diamant pour de faibles compressions (p < 115 GPa). Néanmoins, en augmentant la pression, l'osmium se ramollit et devient plus compressible que le diamant. La structure hcp de l'osmium deviendrait cubique à très basse température et hexagonale (phase ω), à très haute pression. Cette dernière phase présente des propriétés mécaniques remarquables. La transition de phase hcp $\Rightarrow \omega$ peut être accélérée à l'aide de contraintes uniaxiales. Nous suggérons des mesures de nano-indentation et de conductivité.

Chapitre 3

Diborure d'osmium OsB_2

3.1 Introduction

Comme on l'a vu précédemment, l'osmium supporte bien les forces de compression mais pas les forces de cisaillement car il n'est pas dur. La compilation de Teter montre que les matériaux à faible compressibilité sont souvent très durs. Comme pour beaucoup de carbures, nitrures et borures des métaux de transition, on s'attend à ce que les composés binaires et ternaires de l'osmium avec des éléments légers (B, C, N) soient durs. L'insertion de petits atomes augmente le nombre d'électrons de valence pour former des liaisons covalentes.

A notre connaissance, le nitrure d'osmium n'existe pas et le carbure d'osmium semble être métastable [24]. Par contre, le bore est très soluble dans les métaux de transition et en particulier dans les éléments du groupe du platine [66]. De plus, les borures, diborures et hexaborures des métaux de transition sont durs (voir figure 3.1). Ils possèdent des points de fusion élevés et présentent une bonne résistance à l'usure.

Trois borures d'osmium ont été synthétisés au début des années soixante (voir ci-dessous). Leurs propriétés physiques restent à ce jour inconnues. Cette mauvaise connaissance des borures d'osmium est due, d'une part, au fait que leur synthèse nécessite de très hautes températures (> 1800°C), et d'autre part, l'osmium s'oxyde pour former un gaz extrêmement toxique, le tétroxyde d'osmium OsO_4.

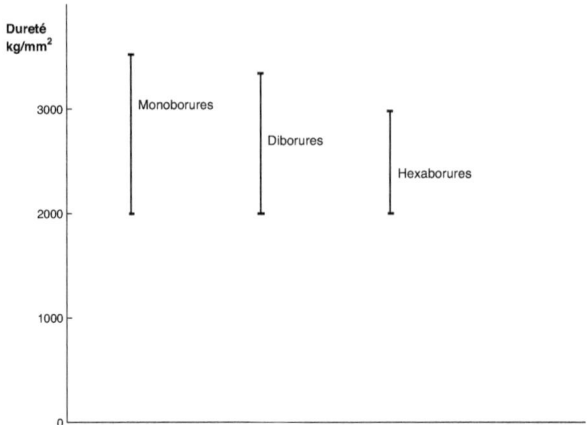

FIGURE 3.1 – *Approximation de la dureté des monoborures, diburures et hexaborures* [66].

Dans ce chapitre, nous allons présenter une des premières études du diborure d'osmium OsB$_2$. Elle inclut la métallographie, la cristallographie, les mesures de dureté et le calcul ab-initio de ses propriétés électroniques, élastiques et mécaniques. Ce calcul a été effectué à l'aide du code FHI98md [47]. Il commence par la construction du pseudopotentiel [72], i.e., les électrons de coeur, qui ne contribuent pas aux liaisons chimiques, sont gelés dans leur configuration atomique, et le potentiel de l'ion est calculé pour les électrons de valence. On considère la structure [Xe]4f^{14}5d^{6}6s^2 pour l'ion d'osmium et 1s pour l'ion de bore. Le terme d'échange et de corrélation a été traité dans le cadre de l'approximation du gradient généralisé (GGA) [73]. La taille de la base d'onde plane est fixée par la valeur de l'énergie de coupure E_{cut}. On a choisi comme valeur pour cette étude 30 Ry. L'échantillonnage de la zone de Brillouin est réalisé sur une grille de Monkhorst-Pack [74] 6×6×6 points k.

3.2   Synthèse des borures d'osmium

Beddery et Welch furent les premiers à synthétiser les borures des éléments du groupe du platine [67]. Les phases ont été déterminées approximativement par la

méthode des poudres. Dans le système Os-B, les auteurs ont identifiés deux phases :
OsB et OsB$_2$. Les compositions et les structures des borures d'osmium ont été précisées
quelques années plus tard par Aronsson *et al.* [66] et Kempter *et al.* [68]. Les compositions réelles des deux borures en question sont OsB$_{1.2}$ et OsB$_{1.6}$ et leurs structures
sont du type AlB$_2$ et W$_2$B$_5$, respectivement. Un troisième borure, de composition
OsB$_{2.2}$ et noté OsB$_{2+}$, a été découvert par les groupes cités ci-dessus. Sa structure est
orthorhombique. C'est ce borure dont il est question dans ce chapitre. Nous omettrons le signe +. Il sera noté simplement OsB$_2$. Une équipe américaine a réussi à
le synthétiser récemment [22]. Le diagramme de phase complet a été établi par deux
chimistes [21] (voir figure 3.2). Ces deux auteurs ont mélangé des poudres d'osmium
et de bore de très haute pureté ($> 99,5$ %) dans un creuset pour former des boulettes
de faible masse (2 g). Celles-ci ont été chauffées jusqu'a fusion sous atmosphère d'argon puis refroidies à l'aide d'une circulation d'eau. Pour s'assurer de l'homogénéité
du composé formé, il a été découpé en morceaux et refondu. Les différentes phases
du système Os-B sont déterminées par métallographie. La microphotographie de la

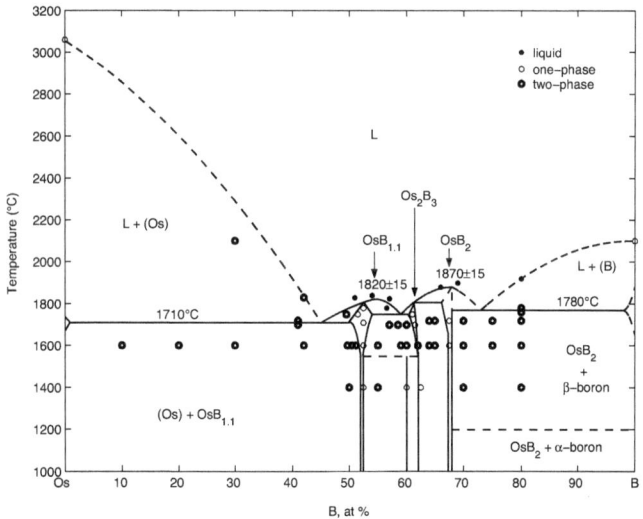

FIGURE 3.2 – *Diagramme de phase du système Os-B* [21].

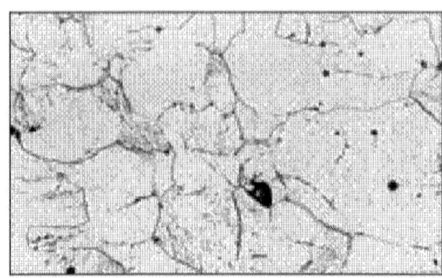

FIGURE 3.3 – *Microphotographie de la phase OsB$_2$* [21].

phase OsB$_2$ est présentée sur la figure 3.3.

3.3   Structure de OsB$_2$

Le diborure d'osmium OsB$_2$ cristallise dans la structure orthorhombique de proto-type RuB$_2$ (groupe d'espace Pmmn). Les paramètres structuraux de cette structure sont **a** $= 0,4684$ nm, **b** $= 0,2872$ nm et **c** $= 0,4076$ nm. Une maille élémentaire contient deux formules. Les positions atomiques sont données dans la table 3.1. Les atomes d'osmium occupent les sites (a) et les atomes de bore les sites (f) (voir table 3.1). Chaque atome de bore est entouré de trois autres atomes de bore et de quatre atomes d'osmium, alors que chaque atome d'osmium est entouré de huit atomes de bore. Les sites (2b), avec $z = 0.8$, sont inoccupés. Ils sont suffisamment large pour accueillir deux atomes de bore. Tous les atomes ont la même coordonnée y, 1/4 ou 3/4, formant ainsi des plans atomiques denses le long de **b** (voir figure 3.4). Cet emplacement des atomes donne à la structure de OsB$_2$ une structure en couches alternées d'osmium et de bore. Par comparaison avec la structure AlB$_2$, dont laquelle beaucoup de diborures cristallisent, les couches de bore sont déformées. Les atomes de bore forment dans ces couches des hexagones irréguliers, avec quatre angles $B - \widehat{B - B}$ de 106,84° et deux de 99,97°, au lieu de six angles de 120°. Les couches de bore se trouvent entre les couches d'osmium. Ces dernières ne sont pas d'aplomb (voir figure

Structure	Prototype	Groupe spacial	Atomes par maille	Positions atomiques
OsB_2	RuB_2	Pmmn	Os	(a) : $(\frac{1}{4}, \frac{1}{4}, z)$, $(\frac{3}{4}, \frac{3}{4}, \bar{z})$
			B	(f) : $(x, \frac{1}{4}, z)$, $(\bar{x}+\frac{1}{2}, \frac{1}{4}, z)$ $(\bar{x}, \frac{3}{4}, \bar{z})$, $(x+\frac{1}{2}, \frac{3}{4}, \bar{z})$

TABLE 3.1 – *Données structurales de OsB_2. z est égal 0,1535 pour les atomes d'osmium et 0,632 pour les atomes de bore et x = 0,058.*

3.4 et figure 3.5).

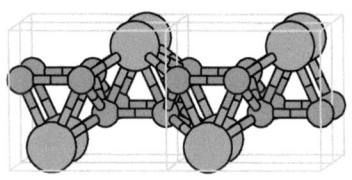

FIGURE 3.4 – *Structure cristalline de OsB_2. Les atomes d'osmium sont représentés par les grandes sphères et les atomes de bore par les petites. Les directions horizontales et verticales de la feuille coincident avec les paramètres **a** et **c**, respectivement. La projection sur le plan (ac) peut être rapidement déduite de cette figure. Celle-ci montre quatre mailles élémentaires (2×2×1). Il y a deux formules par maille. Suivant **c**, les atomes d'osmium forment une couche plane. Entre deux couches d'osmium, il y a une couche ondulée de bore.*

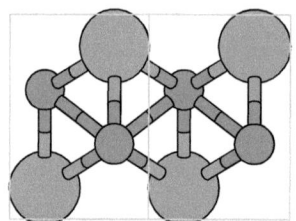
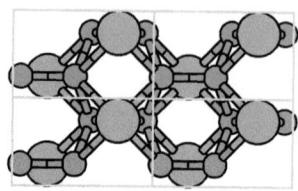

FIGURE 3.5 – *A gauche : Projection de la structure OsB$_2$ sur l'axe **a**. La direction horizontale de la feuille coincide avec le paramètre **b**. Tous les atomes ont une coordonnée fixe, y = 1/4 ou 3/4, formant ainsi des couches atomiques parallèles suivant **b**. A droite : Projection de la structure OsB$_2$ sur l'axe **c**. La verticale et l'horizontale de la feuille de papier sont suivant les paramètres **b** et **a**. Les atomes de bore sont aux sommets d'un hexagone déformé.*

3.4 Micro-indentation

Les borures des métaux de transition possèdent une dureté élevée, i.e., 20 à 40 GPa sur l'échelle de Vickers (voir table 3.2 et annexe A). La dureté de OsB$_2$ est de 35,3 GPa. Les mesures ont été effectuées sur la surface (001) avec une charge de 60 g. Une dureté de 29,4 GPa a été estimée par Kaner *et al.* à l'aide du test de rayage [22]. Dans le groupe des composés des matériaux de transition, OsB$_2$ est le plus dur après HfB$_2$ (voir table 3.2). La dureté décroît quand la charge appliquée augmente (voir figure 3.6).

Cristal	Structure	Module d'incompressibilité	Module de cisaillement	Dureté (GPa)	Ref.
HfB$_2$	C32	212		37,3(H$_k$160)	
TiB$_2$		292	263	33,3(H$_v$50)	[75]
TaB$_2$		182		24,9(H$_k$30)	
ZrB$_2$		320	240	21,6(H$_v$50)	
CrB$_2$		156		17,7(H$_v$50)	
VB$_2$		298	167	19,6(H$_v$50)	
NbB$_2$		248	122	25,5(H$_v$50)	
OsB$_2$	Ortho.	342		35,5(H$_v$60)	Ce travail

TABLE 3.2 – *Dureté et structure de quelques borures des métaux de transition. H_v et H_k sont les duretés de vickers et de knoop respectivement. La charge appliquée (en gramme) est mentionnée après le symbole H.*

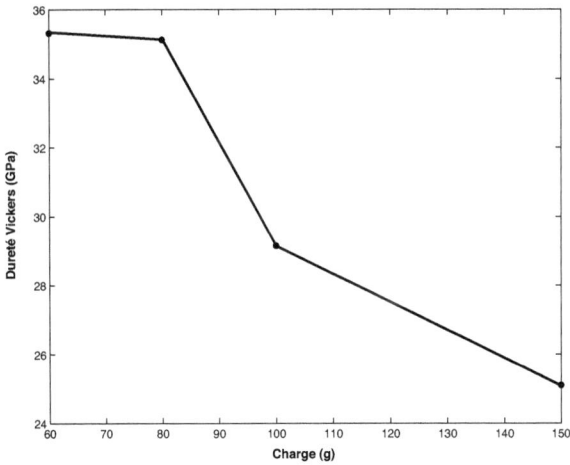

FIGURE 3.6 – *Variation de la dureté du borure d'osmium en fonction de la charge appliquée.*

3.5   Élasticité

La dureté d'un matériau est intimement reliée à la force des liaisons chimiques. Ces dernières sont bien représentées par les constantes de force utilisées dans les modèles semi-phénoménologiques type valence-force-field. Le calcul de ces constantes est possible pour des structures simples comme celle du diamant mais devient inextricable pour des structures complexes. De plus, ces constantes ne sont pas mesurables. Il est donc plus simple de considérer les constantes élastiques C_{IJ} pour représenter la force des liaisons chimiques, qui par ailleurs, sont reliées aux constantes de force [69]. De plus, elles sont mesurables par spectroscopie Brillouin et par ultrasons. La compilation de données de Teter montre que la dureté est bien corrélée au module d'incompressibilité B et au module de cisaillement G. Ces coefficients phénomènologiques traduisent la résistance du matériau aux forces de compression et de cisaillement, respectivement. B et G peuvent être exprimées à l'aide des C_{IJ}. Ces dernières sont les dérivées secondes de l'énergie par rapport aux déformations de la maille. Le calcul ab-initio des C_{IJ} consiste à déformer la maille et à calculer l'énergie des états contraints. Les C_{IJ} sont obtenues par ajustement de la courbe obtenue. Les valeurs des C_{IJ} sont données dans la table 3.3.

Matériau	C_{11}	C_{22}	C_{33}	C_{12}	C_{13}	C_{23}	C_{44}	C_{55}	C_{66}	B	G_H	$H_v(50)$	Ref.
OsB$_2$	611	597	875	204	157	133		279	137	342		35,3	Ce travail
c-BN			820		190			480	400			61,7	[76]
Diamant			1079		124			578	442			94,1	

TABLE 3.3 – *Constantes élastiques de OsB_2 comparées à celles des deux matériaux les plus durs diamant et c-BN. L'unité utilisé pour les constantes élastiques est le GPa et le kg/mm^2 pour la dureté.*

La valeur de C$_{33}$, 875 GPa, est plus grande que celle de c-BN (820 GPa) et légèrement inférieure à celle du diamant (1079 GPa). Ceci est en accord avec les mesures de dureté car C$_{33}$ exprime la résistance du matériau à la variation du troisième paramètre de maille. Les valeurs de C$_{11}$ et C$_{22}$ sont plus faibles, suggérant une forte anisotropie de la dureté. Cette forte anisotropie est également observée dans TiB$_2$. Elle est prise en compte dans les applications. Le module d'incompressibilité peut être calculé en considérant des variations de volume ou à partir des constantes élastiques, $B = \sum_{I,J=1}^{3} C_{IJ}$. En utilisant la deuxième méthode, on trouve que B est égal à 342 GPa. Ce résultat coincide assez bien avec le résultat expérimental [22]. OsB$_2$ est un matériau à faible compressibilité. En fait, B n'est pas le bon guide pour simuler de nouveaux matériaux durs, car la dureté des composés métalliques est associée à la facilité de produire des dislocations dans le matériau et de les mettre en mouvement. Un cristal orthorhombique possède un plan de glissement, ici les plans y = 1/4 et 3/4, et deux directions de glissement possibles, x et y. A ces deux systèmes de glissement, (010)[100] et (010)[010], sont associées les constantes C$_{66}$ et C$_{44}$, qui expriment la résistance du matériau à sa déformation sous l'effet des contraintes de cisaillement σ_{xy} et σ_{zy}. C$_{44}$ ne peut pas être calculée avec précision car le réseau devient instable sous l'effet de la déformation qui lui est associée. La valeur de C$_{66}$ est faible. Ceci est en accord avec les profils de la densité de charge et avec les mesures de dureté.

3.6 Propriétés électroniques de OsB$_2$

La figure 3.7 donne la structure de bande de OsB$_2$ le long des directions de haute symétrie. Le zéro correspond au niveau de Fermi. Il y a chevauchement entre les bandes de valence et les bandes de conduction. On conclut que OsB$_2$ possède un caractère métallique.

La figure 3.8 donne la densité d'état (DOS) et la densité d'état intégrée. La concentration d'électrons de valence est accrue, i.e., 28 électrons par maille. Les densités d'état partielles ne sont pas données car elles dépendent des rayons atomiques. La densité d'état totale est formée d'une forte composante d appartenant à l'osmium et de faibles composantes s-p appartenant à l'osmium et au bore. La contribution des électrons f de l'osmium est négligeable. Les états liants sont dus à l'hybridation des orbitales 5d de l'osmium et sp du bore. Les états anti-liants sont des états étendus. Le niveau de Fermi se trouve au voisinage du minimum de la densité d'état. Ceci confère une certaine stabilité au composé OsB$_2$.

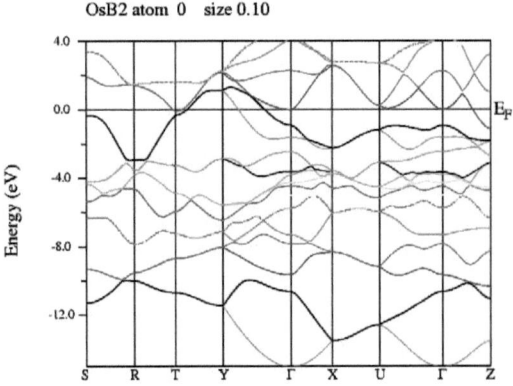

FIGURE 3.7 – *Structure de bande de OsB$_2$ le long des directions de haute symétrie.*

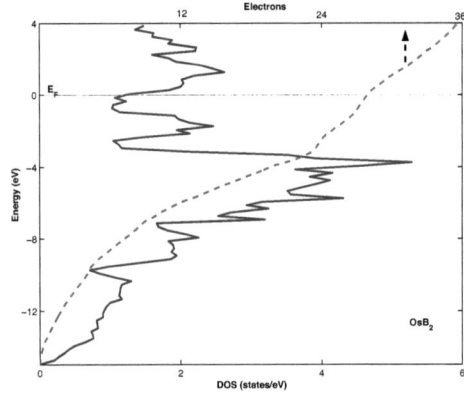

FIGURE 3.8 – *Densité d'état (DOS) de OsB$_2$.*

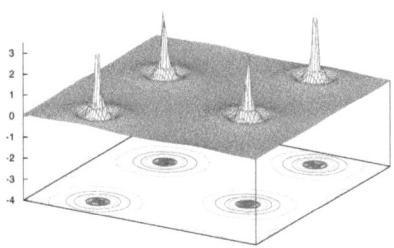

FIGURE 3.9 – *Profils de la densité de charge pour un plan contenant 4 atomes d'osmium.*

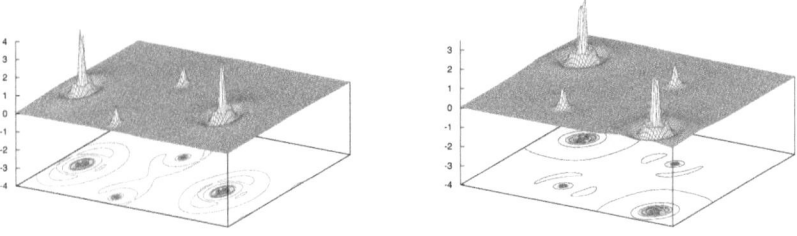

FIGURE 3.10 – *Profils de la densité de charge électronique dans les plans y = 1/4 et y = 3/4.*

Les figures 3.9 et 3.10 montrent les profils de la densité de charge électronique dans trois plans. Les trois liaisons chimiques Os-Os, Os-B et B-B y sont présentes. Ces profils montrent une forte concentration des électrons de valence au voisinage des atomes d'osmium (large pics). La figure 3.9 montre un plan contenant quatre atomes d'osmium formant un losange. Dans ce plan, les distances inter-atomiques Os-Os sont les plus courtes (2,872 Å et 3,018 Å). La faible concentration de charge entre les atomes d'osmium signifie que le caractère covalent de la liaison chimique est négligeable. La concentration de la charge dans les plans y = 1/4 et 3/4 est montrée sur la figure 3.10. Dans ces plans, les atomes de bore sont liés par des liaisons covalentes. La distance inter-atomique B-B est la plus courte, 1,798 Å. Dans le plan incliné qui lie les plans y = 1/4 et y = 3/4, la distance B-B est plus grande (1,874 Å). En conséquence, les atomes de bore sont moins liés dans ces plans inclinés. Les distances Os-B sont plus grandes que les distances B-B (2,147 et 2,308 Å).

3.7   Conclusion

Nous avons donné dans ce chapitre une première étude expérimentale et théorique de OsB$_2$. La synthèse des borures d'osmium a été réalisée par nos collègues de Belgrade. Elles ont également mesuré la dureté de OsB$_2$. Ce matériau est très dur suivant l'axe **c** (C$_{33}$ est la plus forte des constantes élastiques, table 3.3). Il peut être également considéré comme un matériau à faible compressibilité. Par rapport à l'osmium, l'insertion d'atomes de bore multiplie par un facteur de 5 à 9 la dureté et augmente de 10 à 20 % la compressibilité.

Chapitre 4

Carbure d'osmium OsC

4.1 Introduction

Les métaux de transition cristallisent dans les structures cubiques et hexagonales (voir figure 4.1). Les structures hcp et fcc présentent des sites interstitiels pouvant être occupés par des atomes de petite taille. La concentration de ces petits atomes détermine les propriétés du composé comme on vient de le voir avec l'exemple du système Os-B.

La capacité des métaux de transition à réagir avec les atomes légers croît avec le nombre d'électrons dans l'orbitale d. Les carbures les plus stables sont constitués par les métaux de transition des groupes IV, V et VI et par Mn dans le groupe VII. Ceux des métaux de transition du groupe VIII ont été moins étudiés. Les carbures combinent plusieurs propriétés exceptionnelles (résistance aux hautes températures et à l'usure élevée, inertie chimique élevée et bonne conductivité électrique) et sont donc très recherchés.

Les métaux de transition appartenant au groupe du platine (Ru, Rh, Pd, Os, Ir, Pt) ont trouvé beaucoup d'applications industrielles : composants pour les catalyseurs utilisés dans le raffinage du pétrole, pour les convertisseurs catalytiques des automobiles, pour gazéificateurs et liquificateurs du charbon, etc. L'osmium a été peu étudié, car il s'oxyde facilement et devient toxique. Il est bien connu que les carbures, borures et nitrures des métaux de transition possèdent en général une dureté assez élevée. On s'attend donc qu'un composé de l'osmium soit extrêmement dur. Il a été déjà montré récemment que le diborure d'osmium OsB_2 possède une dureté de 3600 kg/mm^2 (voir chapitre 3). Les carbures des métaux de transition sont en général moins durs que les borures [78].

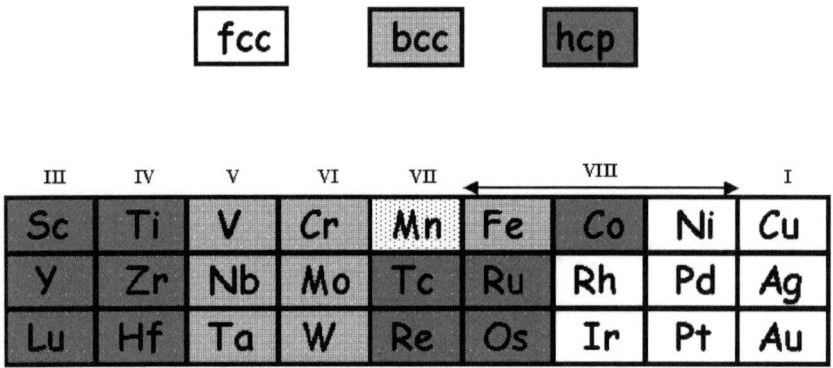

FIGURE 4.1 – *Structures cristallines des métaux de transition. bcc, fcc et hcp désignent les structures cubique centrée, à faces centrées et hexagonale compacte, respectivement.*

Dans ce chapitre, nous allons étudier les propriétés physiques du carbure d'osmium OsC. Son existence est encore hypothétique.

4.2   Synthèse et structure de OsC

En 1906, Moissan a montré qu'à haute température les métaux du groupe du platine dissolvent de grande quantité de carbone, précipitant lors du refroidissement sous forme de graphite [23].

La fusion complète et l'ébullition de 150 g d'osmium, placés dans un creuset de charbon, ont été obtenues avec un courant de 700 A sous 110 V pendant 5 mn.

Selon l'auteur, le métal restant, facile à casser, renferme des cristaux très nets de graphite ; environ 4 g pour 100 g d'osmium. Toujours, selon le même l'auteur, le résidu renfermerait aussi des micro-cristaux de forme octaèdrique. Leur composition n'a pas été précisée. L'expérience a été répétée avec un échantillon de 16 g placé dans un creuset de graphite au milieu d'un tube en charbon. Cette fois, le résidu renferme des lames cristallines de forme cubique.

Les études ultérieures ont montré que le carbone forme avec les métaux du groupe du platine des systèmes eutectiques simples. La figure 4.2 montre le diagramme de phase schématique du système Os-C proposé par Moffatt [79]. La température de fusion de l'osmium est de 3000 °C. La présence du carbone tend à abaisser le point de fusion des métaux du groupe du platine. Le solidus est à 2732±22.

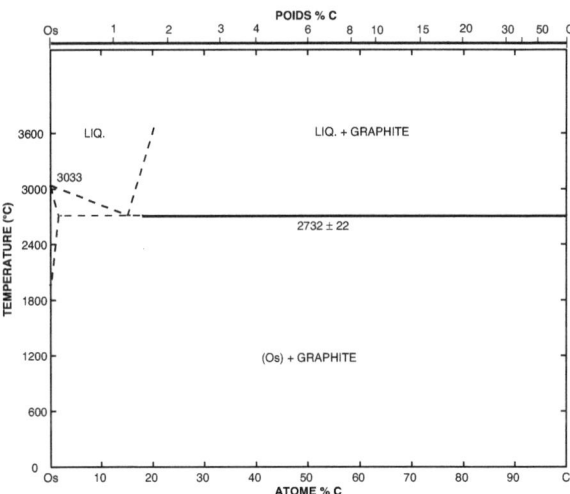

FIGURE 4.2 – *Diagramme de phase schématique de Os-C.*

Kempter et Nadler [24][68] ; ont également obtenu du graphite, mais aussi une phase hexagonale de OsC, en portant à 2800°C un mélange osmium-carbone pendant 15 mn. La structure serait du type carbure de tungstène WC, dont le groupe d'espace est $P\bar{6}m2$. La figure 4.3 montre l'emplacement des atomes dans cette structure. Elle est décrite dans la littérature de plusieurs façons. De manière rigoureuse, la structure est hexagonale primaire avec un motif composé de deux atomes différents. L'atome d'osmium est en (0, 0, 0) et l'atome de carbone en (2/3, 1/3, 1/2). Les paramètres de maille donnés par les auteurs sont $\mathbf{a} = 0{,}290769$ nm et $\mathbf{c} = 0{,}282182$ nm. L'atome de carbone est au centre d'un prisme droit à bases triangulaires dont les six sommets sont occupés par les atomes d'osmium. De même, on peut considérer que l'atome d'osmium est également au centre d'un prisme droit à bases triangulaires. Selon ces mêmes auteurs, la dureté de OsC serait de l'ordre de 2000 kg/mm^2, pour une charge appliquée de 100 g. Néanmoins, les auteurs précisent que la phase WC est métastable ou présente un intervalle de stabilité limité en température. Ils suggèrent de synthétiser OsC sous pression pour stabiliser sa structure.

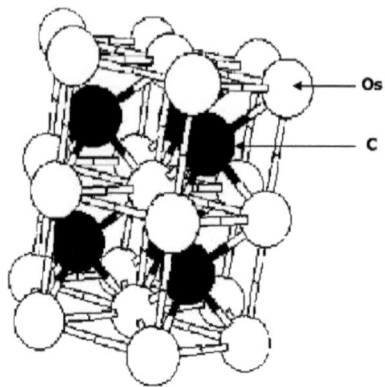

FIGURE 4.3 – *Structure hexagonale type WC proposée par Kempter et al. pour OsC. Les atomes de carbone sont noirs.* [24][80].

Trzebiatowski a chauffé de l'osmium en présence de méthane jusqu'à 2000 °C. L'auteur n'a noté aucun changement du paramètre de maille par roentgenographie (imagerie RX). Deux autres groupes d'auteurs ont infirmé la présence de carbure d'osmium [81][82].

A ce jour, l'existence du carbure d'osmium n'est pas confirmée. Il faut dire que très peu de tentatives de synthèse ont été réalisées depuis les premiers travaux de Moissan en 1906 [23]. A notre connaissance, l'effet de pression suggéré par Kempter *et al.* n'a jamais été testé [24].

Trois études théoriques ont déjà été consacrées au carbure d'osmium. Les auteurs ont considéré une structure type NaCl [54][86]. Certes, un certain nombre de carbures des métaux de transition cristallisent dans cette structure, mais ce choix est généralement dicté par le désir de réduire le temps de calcul. Zheng est le seul auteur à avoir considéré la structure WC de OsC [83]. Ces études sont focalisées sur la compressibilité des structures car il est plus simple d'estimer la dureté d'un matériau à partir de son module d'incompressibilité. En réalité, les matériaux à faible compressibilité ne sont pas forcément durs. Pour les matériaux métalliques, notamment à base d'osmium comme ceux dont il est question dans cette thèse, il est plus rigoureux de considérer le module de cisaillement. Il faut dire que très peu de tentatives de synthèse ont été réalisées.

Dans ce chapitre, nous considérerons la structure WC pour simuler les propriétés physiques du carbure d'osmium. Ce calcul a été effectué à l'aide du code FHI98md [47]. Il commence par la construction du pseudopotentiel [72]. Le terme d'échange et de corrélation a été traité dans le cadre de l'approximation du gradient généralisé (GGA) [73]. La taille de la base d'onde plane est fixée par la valeur de l'énergie de coupure E_{cut}. L'échantillonnage de la zone de Brillouin est réalisé sur une grille de Monkhorst-Pack [74].

Nos résultats seront comparés aux résultats théoriques de Grossman et Zheng qui ont utilisé des codes et des variables (pseudopotentiel, cut-off, terme d'échange et de corrélation, etc) comparables [54][83]. Il est par contre plus difficile de comparer nos résultats avec ceux de Guillermet *et al.* qui ont utilisé la méthode LMTO (linear-muffin-tin-orbitals) [86]. Les ordres de grandeur sont très différents.

4.3 Propriétés électroniques

Il existe un lien étroit entre la dureté et le type de liaison chimique. La liaison covalente, qui dépend du nombre d'électrons de valence, est de loin la plus forte. Par ailleurs, l'osmium et le carbone possèdent des valeurs d'électronégativité voisines, 2.2 et 2.5 respectivement. Ce qui devrait favoriser ce type de liaison.

Les propriétés électroniques de OsC seront caractérisées par la structure de bande et la densité d'état. Nos résultats de simulation sont comparés aux rares résultats disponibles dans la littérature.

4.3.1 Structure de bande et densité d'état (DOS)

La figure 4.4 montre la première zone de Brillouin de OsC. On y voit le chemin choisi pour tracer la structure de bande. Il inclut six points de haute symétrie. Les bandes de valence et de conduction se chevauchent. OsC, comme OsB, possède donc un caractère métallique.

Les figures 4.5 - 4.6 donnent la densité d'état (DOS) totale de OsC et les densités partielles. Notons que ces dernières dépendent des rayons des sphères atomiques et ne sont données qu'à titre indicatif. Nos résultats coincident parfaitement avec ceux de Zheng [83]. La bande liante à -13 eV est due aux électrons 2s du carbone, alors que les bandes liantes situées au dessus de -10 eV sont associées aux électrons 2p du carbone et aux électrons 5d de l'osmium. Rappelons qu'un pic du DOS traduit la multitude des vecteurs d'ondes k partageant le même niveau d'énergie. A ces pics du DOS correspondent des courbes de dispersion plates dans la structure de bande, faciles à repérer sur la figure 4.4. Contrairement au cas de OsB_2, le niveau de Fermi est loin d'un minimum du DOS. La structure WC de OsC, si elle existait, serait moins stable que celle de OsB_2.

4.3.2 Densité de charge électronique

Dans la structure WC, chaque atome de carbone est entouré de six atomes placés à une distance de 0,2177 nm et deux à 0,3632 nm. Suivant l'axe z, verticale de la feuille

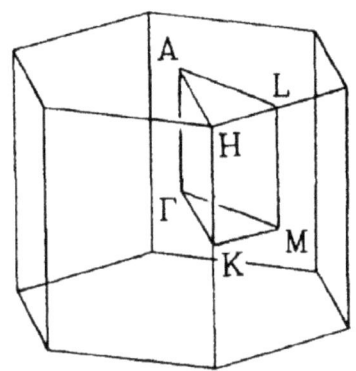

OsC atom 0   size 0.20

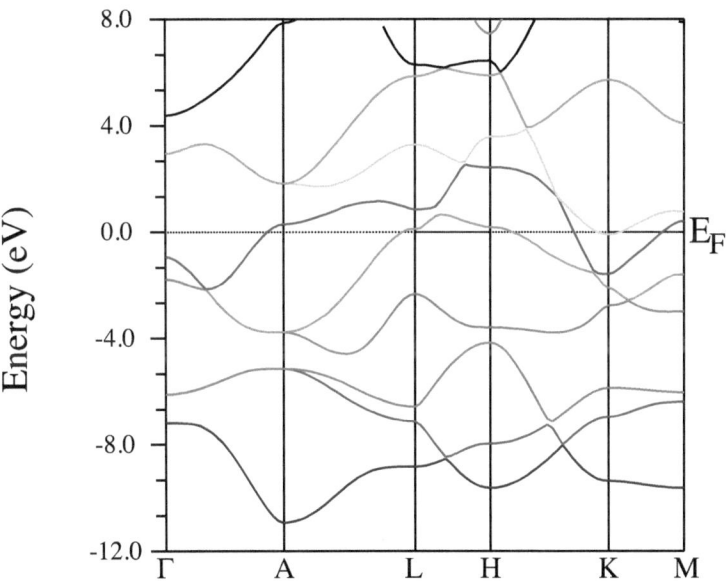

FIGURE 4.4 – *Haut : Première zone de Brillouin montrant six points de haute symétrie (Γ, A, L, H, K, M). Bas : Structure de bande de OsC.*

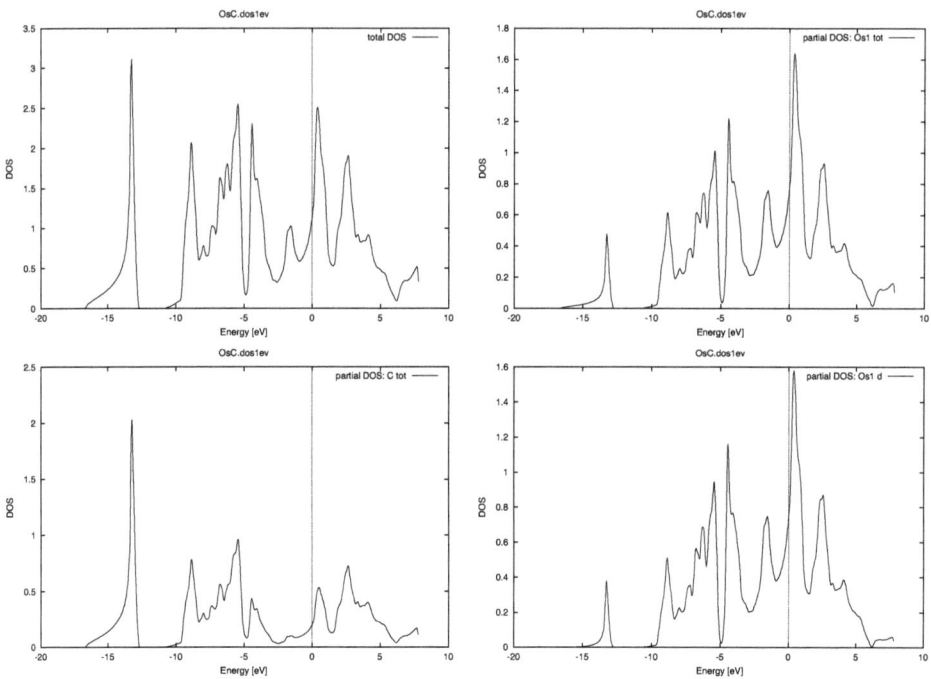

FIGURE 4.5 – *Densité d'état de OsC*

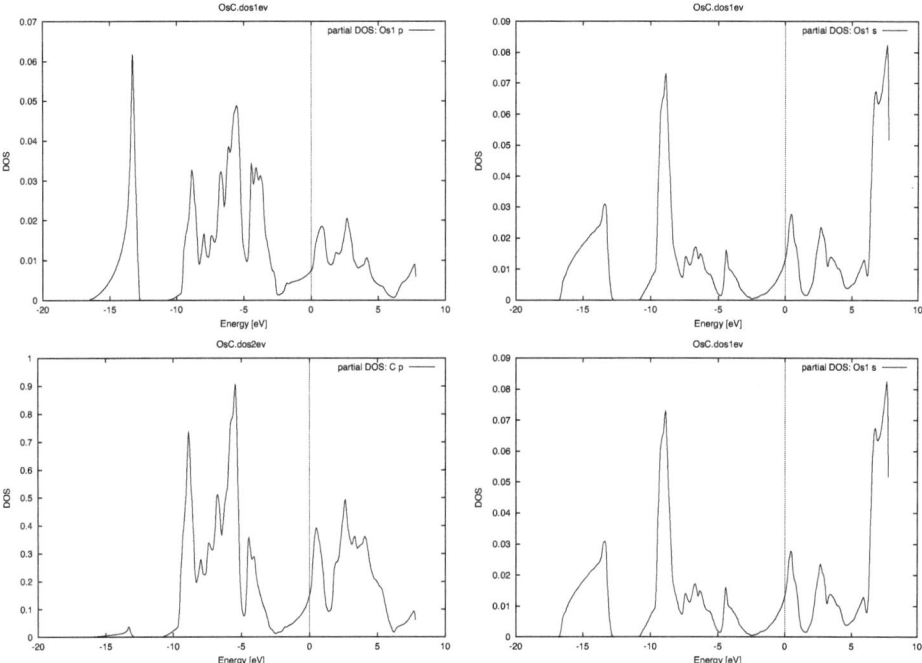

FIGURE 4.6 – *Densité d'état partielle de OsC*

de papier, la structure WC de OsC est une structure à deux couches mono-atomiques. La distance inter-planaire est de $c/2 = 0{,}141091$ nm. Les figures 4.7 - 4.8 montrent la densité de charge dans ces deux couches. Seuls les électrons de valence sont pris en compte. La charge électronique est concentrée autour des atomes. La composante covalente des liaisons chimiques C-C et Os-Os est quasiment nulle. La figure 4.9 montre la charge électronique dans un plan incliné contenant deux atomes d'osmium du plan $z = 0$ et un atome de carbone situé dans le plan $z = 1/2$. Les distances inter-atomiques Os-C sont différentes (voir ci-dessus). Il y a bien une liaison covalente entre l'atome de carbone et ses six proches voisins. Néanmoins, la charge répartie entre l'atome de carbone et l'atome d'osmium, $0{,}12$ e/Å^3, n'est pas importante.

Le carbure d'osmium est métallique. Son niveau de Fermi est loin d'un minimum du DOS. Par ailleurs, la liaison covalente qui existe entre l'atome de carbone et ses six proches voisins n'est pas forte. En conclusion de cette partie de notre étude, nous dirons que si OsC existe, il serait peu stable. Néanmoins, une pression hydrostatique pourrait renforcer la liaison covalente en diminuant la distance inter-atomique.

4.4   Dureté théorique de OsC

Comme on vient de le voir, le carbure d'osmium est métallique. La meilleure façon de simuler la dureté d'un matériau métallique est de calculer sa résistance au mouvement des dislocations, car la génération des dislocations est plus facile dans ce type de matériau. La force des liaisons chimiques, ou la résistance du réseau au mouvement des dislocations, est généralement exprimée par la constante de cisaillement associée au système de glissement primaire. Certes, le module d'incompressibilité est assez bien corrélé avec la dureté. Néanmoins, beaucoup d'exceptions existent, et en particulier l'osmium qui présente un module d'incompressibilité très élevé bien qu'il ne soit pas dur.

Modules élastiques

Pour estimer la dureté de ce composé, nous suivrons la stratégie habituelle : calcul ab-initio des constantes élastiques et déduction à partir de ces dernières des mo-

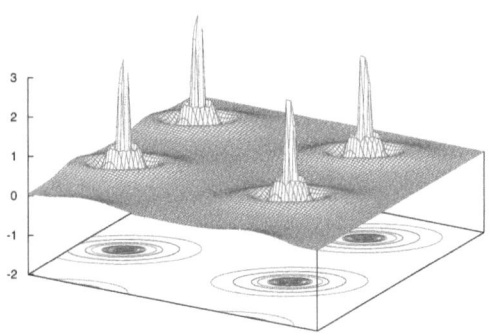

FIGURE 4.7 – *Répartition de la charge électronique de valence dans le plan $z =$ 0. Les grandes sphères (grises) correspondent aux atomes d'osmium et les petites sphères (jaunes) aux atomes de carbone. Haut : La couleur rouge correspond aux régions à très faible densité de charge (0,01 e/$Å^3$) et la couleur verte à une densité de charge moyenne (0,27 e/$Å^3$). Bas : Les pics correspondent au maximum de charge (0,53 e/$Å^3$).*

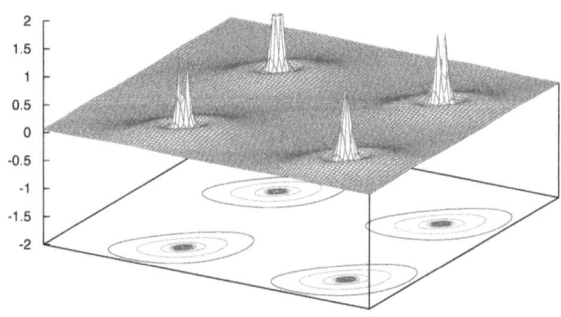

FIGURE 4.8 – *Densité de charge dans le plan $z = 1/2$. Même échelle de densité qu'à la figure 4.7.*

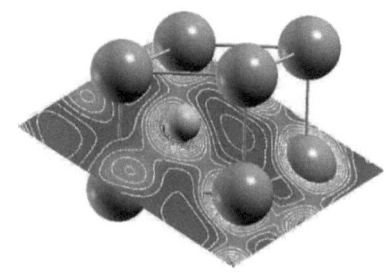

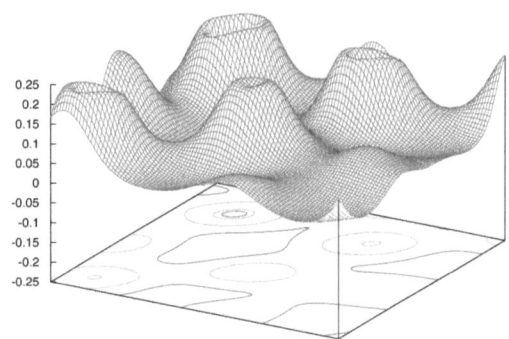

FIGURE 4.9 – *Densité de charge dans un plan contenant un atome de carbone et deux atomes d'osmium, l'un à 2,177 Å et l'autre à 3,632 Å. La couleur rouge correspond aux régions avec une densité de charge de 0,1 e/Å³, la couleur verte à une densité de charge de 0,12 e/Å³ et la couleur bleue à une densité de charge de 0,24 e/Å³. Les régions d'égale densité sont représentées par des lignes.*

dules d'incompressibilité et de cisaillement. Les structures hexagonales possèdent cinq constantes élastiques indépendantes : C_{11}, C_{12}, C_{13}, C_{33}, C_{44}. Elles sont reliées aux constantes des forces et traduisent donc la force des liaisons chimiques indirectement.

Structure	C_{11}	C_{12}	C_{13}	C_{33}	C_{44}	B	G_V	G_R
WC	514	345	288	641	< 1	390	66	< 1

TABLE 4.1 – *Constantes élastiques C_{IJ} du carbure d'osmium, en GPa. B est le module d'incompressibilité. G est le module de cisaillement isotrope calculé à l'aide de la formule de Voigt ou de Reuss. La valeur de G_R dépend fortement de C_{44} (voir annexe D).*

Chaque constante est déduite en imposant une déformation bien choisie (voir annexe D). La figure D.1 illustre le calcul ab-initio des C_{IJ}. Leurs valeurs sont données dans la table 4.1 pour la structures hexagonale de OsC. Le module d'incompressibilité B est obtenu par ajustement de la courbe énergie-volume à l'aide de l'équation d'état de Vinet. Sa valeur est donnée dans la table 4.1. Le calcul de la constante de cisaillement C_{44} nécessite une déformation qui transforme la maille hexagonale en une maille monoclinique ; soit une perte de onze opérations de symétrie. Le calcul devient quasi impossible ; et quand il est encore possible, le temps de calcul augmente considérablement. Nous avons trouvé pour C_{44} une valeur qui n'est pas réaliste ; inférieure à 1 GPa.

Les valeurs des constantes de cisaillement dépendent du plan et de la direction de glissement des dislocations. La table 4.2 donne les différents systèmes de glissement des structures hexagonales. Les trois principaux systèmes de glissement sont représentés sur la figure 4.10. Dans le cas de OsC, il est difficile de préciser quel est le système de glissement primaire car l'ordre dépend de différents paramètres intrinsèques et extrinsèques (température, rapport c/a, distance inter-réticulaire, etc.).

Si on ne tient compte que du faible rapport c/a de OsC (<1), le glissement prismatique, $< 11\bar{2}0 > \{10\bar{1}0\}$ devrait être facile. Néanmoins, il est de coutume de
contourner cette difficulté en considérant le matériau comme isotrope et de calculer
son unique constante de cisaillement, donnée par différentes formules disponibles dans
la littérature. Nous considérerons ici la moyenne arithmétique de Voigt-Reuss-Hill qui
est la plus utilisée :

$$G_{Hill} \;=\; \frac{1}{2}[G_{Voigt} + G_{Reuss}] \tag{4.1}$$

Les expressions des moyennes de Voigt et Reuss sont exprimées dans l'annexe D.

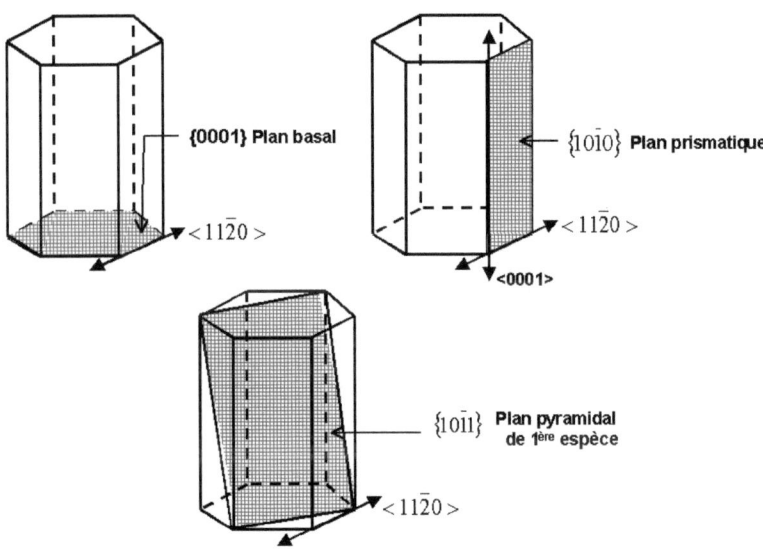

FIGURE 4.10 – *Plans et directions de glissement des dislocations dans un matériau
de structure hexagonale.*

Matériau	direction plan	G^{-1}
Al_2O_3 ZrB_2, BeO, AlN C - graphite , métaux hexagonaux	$< 11\bar{2}0 > \{0001\}$	s_{44}
métaux hexagonaux = Zn, Cd	$< 11\bar{2}0 > \{10\bar{1}0\}$ $< 11\bar{2}0 > \{10\bar{1}1\}$ $< 11\bar{2}3 > \{11\bar{2}2\}$	
WC, β-Si_3N_4	$< 0001 > \{10\bar{1}0\}$ $< 2\bar{1}\bar{1}3 > \{01\bar{1}0\}$ $< 11\bar{2}0 > \{10\bar{1}0\}$	
Zn, Cd, Mg, Ti	$< \bar{2}110 > \{01\bar{1}0\}$	$2(s_{11} - s_{12})$
Ti	$< \bar{2}110 > \{01\bar{1}1\}$	$\frac{8c^2(s_{11}-s_{12})+3a^2 s_{44}}{3a^2+4c^2}$
Mg	$< 10\bar{1}0 > \{1\bar{2}12\}$	$\frac{2c^2(s_{11}-s_{12})+a^2 s_{44}}{a^2+c^2}$
Zn, Cd	$< 11\bar{2}3 > \{\bar{1}\bar{1}22\}$	$\frac{4a^2c^2(s_{11}+s_{33}-2s_{13})+(a^2-c^2)^2 s_{44}}{(a^2+c^2)^2}$

TABLE 4.2 – *Systèmes de glissement primaires et secondaires des dislocations dans les structures hexagonales. G est la constante de cisaillement associée au système de glissement. $< hklp >$ est la direction de glissement et $\{uvwz\}$ le plan de glissement. s_{IJ} sont les compliances élastiques. a et c sont les paramètres de maille* [87][88].

Habituellement, les constantes de cisaillement isotrope de Voigt et Reuss donnent les limites inférieure et supérieure de G. La constante de cisaillement de Reuss dépend fortement de la valeur de C_{44}. Elle est donc très faible. En attribuant une valeur plus réaliste à C_{44}, 150 GPa, la moyenne de Hill donnerait une constante de cisaillement égale à 127 GPa ; soit une dureté de l'ordre de 22 GPa ou environ 1800 kg mm^{-2} (voir figure 4.11). Cette valeur de dureté n'est pas très différente de celle proposée par Kempter *et al.* [24]. OsC serait moins dur que la plupart des carbures et à peine plus dur que les nitrures (voir table 4.3).

Matériau	VHN(GPa)	G(GPa)	Applications
Diamant	96±5	535	abrasifs/outils de coupe
c-BN	63±5	409± 6	abrasifs/outils de coupe
B_6O	35± 5	204	
TiB_2	33±2	263	
$SiO_2(*)$	33±2	220	
BP	33±3	174	
B_4C	30±2	171±11	absorbant neutronique
WC	30±3	-	outils de coupe
TiC	29±3	188±6	revêtements
SiC	29±3	196±13	électronique hte puissance
ZrC	27±2	166±2	
NbC	23±3	166±2	
Al_2O_3	22±2	162±2	prothèses osseuses
Si_3N_4	21±3	123±2	machines thermiques
$MgSiO_3$	18±2	177	
TiC	18±2	118	outils de coupe
HfN	15±1	141	
VN	15±1	159	
NbN	14±1	156	
AlN	12±1	128±2	
GaN	12±2	120	
$ZrSiO_4$	12±1	109	

TABLE 4.3 – *Dureté Vickers et constante de cisaillement isotrope de quelques matériaux [63]. *SiO_2 est la Stishovite*

Il existe d'autres théories pour estimer la dureté d'un matériau. Par exemple, selon Gilman, la dureté H peut être estimée à partir de l'énergie de formation des liaisons chimiques ΔE_f :

$$H \quad = \quad \frac{2\Delta E_f}{b^3} \tag{4.2}$$

b est la longueur du vecteur de Burgers. Pour les modes de glissement basal, prismatique et pyramidal de 1ère espèce, le vecteur de burgers corresponds à $\mathbf{a}/3 < 11\overline{2}0 >$. ΔE_f a été calculée par Haglund *et al.* [91]. Elle est égale à 219 mRy par atome. Les interactions Os-C et Os-Os sont prises en compte dans ce résultat. La dureté calculée à partir de l'équation Eq.4.2 est trop élevée (H=71.35 GPa).

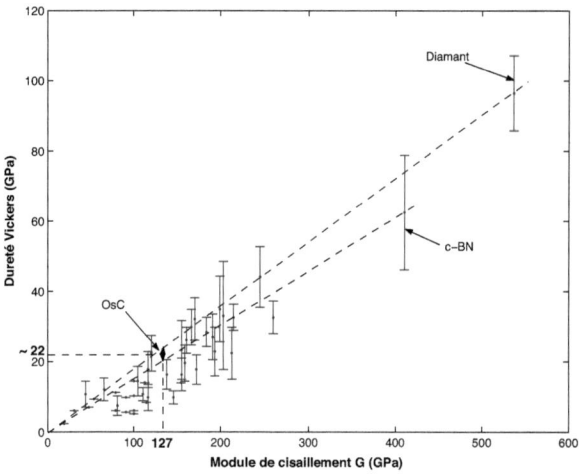

FIGURE 4.11 – *Estimation de la dureté de OsC de structure WC en utilisant la compilation de Teter* [63].

4.5 Conclusion

Dans ce chapitre, nous avons simulé les propriétés électroniques, élastiques, plastiques et mécaniques du carbure d'osmium OsC. Rappelons que l'existence de ce composé est encore hypothétique. Kempter et ses collègues ont prétendu l'avoir synthétisé, mais d'autres auteurs infirment son existence. De cette étude, beaucoup plus spéculative que les précédentes, nous tirons les conclusions suivantes. (1) Si OsC existait, il serait métastable ou aurait un domaine de stabilité très limité en température. Selon Kempter et ses collègues, cette stabilité serait peut être renforcée par une pression hydrostatique. (2) Si OsC existait, il serait classé parmi les carbures les moins durs, et serait beaucoup moins dur que le diborure d'osmium que nous avons étudié au chapitre 3. Ce résultat est bien connu. Il a déjà été signalé par Holleck. Les carbures des métaux de transition sont moins durs que les borures.

Conclusion générale

Dès le néolithique les hommes ont commencé à chercher des matériaux qui coupent d'autres matériaux, c'est-à-dire des matériaux durs. La première échelle de dureté, dû au minéralogiste Friedrich Mohs (1773-1839), est d'ailleurs relative. Le minéral le plus dur raye le minéral le moins dur.

Depuis le début du 20ème siècle, la dureté est estimée à partir d'un test d'indentation. Les nombreux tests disponibles dans les laboratoires diffèrent essentiellement par la forme de l'indentateur. Le test d'indentation est maintenant réalisable à l'échelle du nanomètre.

Parallèlement, les fondations de la théorie de l'indentation, établies par Hertz, Boussinesq et surtout Sneddon ont peu évolué [10]. Jusqu'à une date récente, l'anisotropie, l'anharmonicité des matériaux, les transitions de phase que peut subir l'échantillon, les effets de taille ne sont pas pris en compte. La résolution de ces difficultés théoriques a été notre première tâche [28][29].

La simulation de nouveaux matériaux ultra-durs est devenue possible grâce à l'évolution des techniques informatiques, des méthodes numériques et à l'élaboration d'une théorie microscopique du solide rigoureuse, c'est-à-dire la fonctionnelle de densité (DFT) [71]. Celle-ci permet de prédire les propriétés physiques d'un matériau existant ou hypothétique à partir de peu de données. Certes, l'effet de température n'est pas pris en compte avec une grande précision. Néanmoins, les propriétés qui nous intéressent ici sont peu affectées par la température. Par exemple, les mesures d'ultrasons montrent que les constantes élastiques d'un matériau peu dur comme le silicium, ne varient presque pas entre 0 et 300 K [34]. Par ailleurs, les matériaux durs ont le plus souvent des points de fusion très élevés.

La simulation de nouveaux matériaux ultra-durs a commencé au début des années quatre vingt. C'est Sung, qui le premier, suggéra que le nitrure de carbone C_3N_4 pourrait être très dur [92]. Rappelons que le carbone et l'azote sont deux éléments légers. Cette suggestion a donné naissance à divers travaux de simulation. Certes, ce matériau a été synthétisé, mais à notre connaissance, il n'est pas très dur. Cet échec n'a pas découragé notre communauté. Nous faisons juste plus attention. La collecte des moindres résultats expérimentaux fait partie de notre quotidien maintenant. Cette démarche prudente a été appliquée au cas du carbure d'osmium dont l'existence n'est pas certaine.

Ce travail de thèse a été inspiré par la redécouverte de l'osmium, matériau hautement toxique et donc peu étudié par les physiciens. C'est un métal de transition très lourd, peut-être le plus lourd. Il est moins compressible que le diamant qui est la phase haute température - haute pression d'un élément léger : le carbone. Un calcul élémentaire montrait déjà que l'osmium pouvait avoir un module d'incompressibilité très élevé. Mais il a fallu attendre l'année 2001 pour confirmer ce résultat par des mesures de rayons X sous pression [17]. Les atomes légers peuvent se rapprocher davantage les uns des autres et ainsi former des liaisons covalentes fortes. La répulsion est moins forte. La recherche internationale s'est donc focalisée sur les composés binaires et ternaires à base d'éléments légers comme le carbone, l'azote, le bore, etc.

Nos résultats de simulation ont confirmé les résultats expérimentaux de Cynn et ses collègues, i.e., l'osmium est bien moins compressible que le diamant [17]. Néanmoins, soumis à de fortes pressions hydrostatiques, l'osmium ramollit, contrairement au diamant [61]. Ce ramollissement finit par induire une transition de phase isostructurale, mais à des pressions irréalisables dans une presse à enclumes de diamant, du moins à l'heure actuelle. Cette transition de phase peut être réalisée plus facilement par indentation ou par ondes de choc car les contraintes de cisaillement tendent à accélérer les transitions de phase. Selon nos résultats de simulation, la phase haute pression de l'osmium serait plus dure que sa phase hexagonale et pourrait présenter, comme dans le cas du titane, des propriétés de supra-conductivité intéressantes [61].

Les borures d'osmium ont été synthétisés à la fin des années cinquante [68][67]. Leurs structures ont été précisées quelques années après leur découverte. Mais leurs propriétés physiques sont encore inconnues alors même que les borures des autres métaux de transition avaient déjà trouvées des applications. Nous avons commencé à les étudier quelque temps avant que deux groupes de recherche redécouvrent leur synthèse. Une collaboration a été entamée avec un des deux groupes [21]. Nos résultats de simulation ont révélé le caractère métallique du diborure d'osmium OsB_2, sa haute stabilité et sa dureté élevée. Ce dernier résultat a été confirmé par des mesures d'indentation effectuées par nos deux collègues de l'Université de Belgrade et par un test de scratch réalisé par Gilman et ses collègues [21][22].

Notre étude du carbure d'osmium est la plus spéculative car les preuves expérimentales de son existence sont très minces. Nos résultats de simulation confirment son instabilité signalée d'ailleurs par d'autres auteurs [81][82]. Et même, si on arrive à le synthétiser, nous prédisons qu'il sera beaucoup moins dur que le diborure d'osmium. Selon nos collègues de Belgrade, un composé ternaire Os-B-C serait plus stable. L'étude expérimentale et théorique de ce composé est en cours. Il s'agit de vérifier s'il est plus dur que le diborure d'osmium OsB_2.

La recherche de nouveaux matériaux durs a t-elle un avenir ? La réponse est oui car les besoins sont considérables. Les matériaux durs sont utilisés dans diverses industries : mécanique, électronique, bio-médicale, spatiale, etc. Certes, l'effet de mode est passé. On parlera moins de la matière ultra-dure. Néanmoins, la recherche d'un matériau plus dur que le diamant est un défi à l'intelligence humaine. Notre communauté continuera probablement à chercher ce graal.

Annexe A

Les tests de dureté

La dureté est la résistance qu'oppose un matériau à l'indentation, l'abrasion, le rayage, ou tout autre action qui affecte sa surface d'une manière permanente [93]. En d'autres termes, elle traduit la resistance du matériau, aux déformations élastiques, plastiques et à la fissuration.

Le minéralogiste Friedrich Mohs a mis au point en 1822 une échelle de dureté relative concernant les minéraux qui est encore utilisée [94]. Chaque minéral se voit attribué un indice entre 1 (talc, le moins dur) et 10 (diamant, le plus dur) (voir figure A.1). L'indentateur, un matériau dur (diamant, WC, acier), de forme sphérique, pyramidale ou cônique est appliqué progressivement sous l'action d'une force F sur la surface de l'échantillon et maintenu pendant un certain temps. Si le matériau est plastiquement déformable, une empreinte de surface latérale S et de profondeur e subsiste après retrait de la charge. La dureté est exprimée alors par :

$$H \; = \; \frac{F}{S} \tag{A.1}$$

Bien qu'homogène à une pression, la dureté est parfois donnée sans dimension.

Elle varie fortement avec la charge et la géométrie de l'indentateur ce qui rend les échelles de dureté des échelles relatives. Toutefois, il existe dans la littérature des tables et des diagrammes de conversion entres ces différentes échelles de mesure de la dureté (voir figure A.1). Le développement récent d'appareils tels que le nano-

indentateur et le nano-scratch permet de mesurer ou d'estimer la dureté à l'échelle
du nanomètre.

Dans l'industrie, les tests de dureté remplacent différents tests de qualité (usure,
longévité, resistance à l'abrasion, etc.).

Il existe plusieurs méthodes de mesure de la dureté. On essaie dans ce qui suit de
détailler surtout les essais de dureté les plus utilisées.

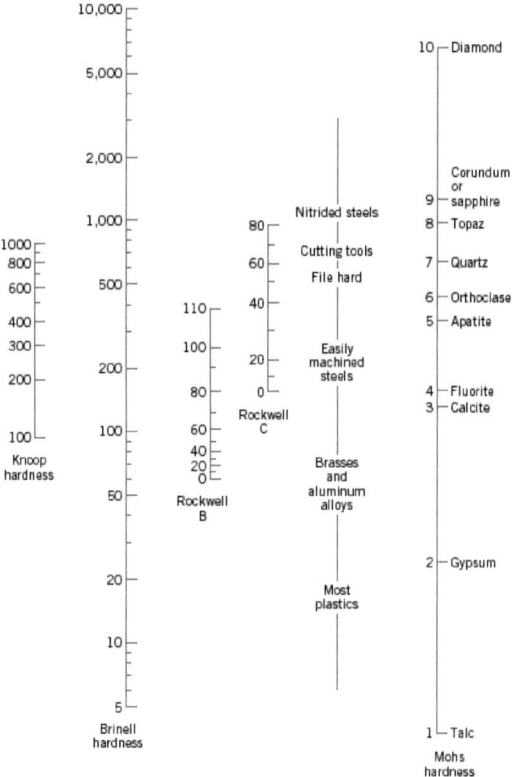

FIGURE A.1 – *Correspondance entre les différentes échelles de dureté* [95].

A.1 La dureté Brinell

L'essai Brinell convient spécialement pour les mesures d'atelier. La charge et les dimensions de l'empreinte sont importantes. Les lectures sont relativement faciles. L'état de la surface n'a pas besoin d'être particulièrement soigné [94].

Pour l'essai de dureté Brinell (HB), on utilise une bille en acier ou en carbure de tungstène. Elle est maintenue pendant un certain temps (entre 10 et 30s) et avec une force bien déterminée (voir figure A.2). Si F (N) est la charge d'essaie, D (mm) le diamètre de la bille et d (mm) le diamètre de l'empreinte mesuré avec un microscope, la dureté Brinell est donnée par la relation :

$$HB = 2\frac{0,102F}{\pi D(D - \sqrt{D^2 - d^2})} \tag{A.2}$$

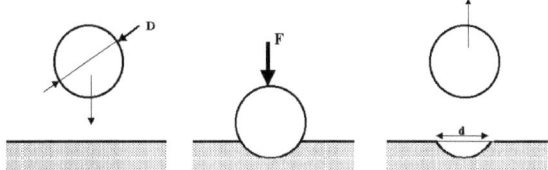

FIGURE A.2 – *Principe de l'essai de dureté Brinell.*

A.2 La dureté Vickers

L'essai Vickers convient aussi bien pour les matériaux très durs que les matériaux tendres, car, en raison de la constance de l'angle de pénétration, la mesure est indépendante de la charge (entre 49 N et 980 N). Mais la surface doit être soignée ; la lecture au microscope est lente. Ce mode d'essai est plutôt du domaine du laboratoire. La dureté Vickers peut être étendue aux faibles charges. Pour des charges inférieures à 1,961 N, on parle d'essai de micro-dureté Vickers [94].

Le principe de l'essai de dureté Vickers (HV) est le même que celui de l'essai Brinell, mais le pénétrateur est ici une pyramide en diamant à base carrée d'angle au sommet 136°, appliquée avec une force F variant entre 49 N et 980 N (voir figure A.3). On mesure la longueur des deux diagonales de l'empreinte, à l'aide d'un système optique approprié. La dureté Vickers HV est donnée par la relation suivante :

$$HV = 1,854\frac{0,102F}{d^2} \qquad \text{(A.3)}$$

où F est exprimée en N, et d en mm.

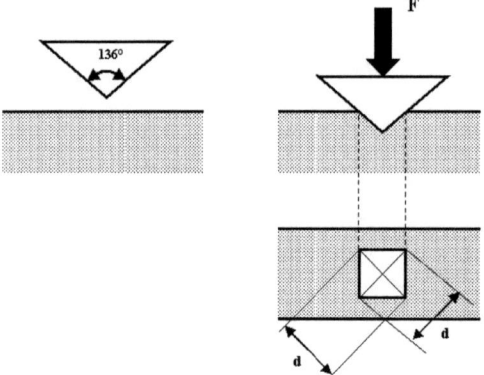

FIGURE A.3 – *Principe de l'essai de dureté Vickers.*

A.3   la dureté Rockwell

L'essai Rockwell, simple et rapide, convient pour les pièces plus petites et pour les hautes duretés (supérieures à 400 Brinell). La dispersion des résultats est nettement plus forte que pour l'essai Brinell, et il est généralement nécessaire de prendre la moyenne de deux ou trois mesures. La pièce doit être bien assise sur son support, ce qui pose parfois des problèmes d'adaptation, et l'état de surface doit être correct [94].

La dureté Rockwell est mesurée en appliquant un indentateur de forme cônique qui fait un angle au sommet de 120° et on l'appelle Rockwell C (HRC) ou de forme sphérique de diamètre 1,587 mm ou 3,175 mm et on l'appelle Rockwell B (HRB). L'essai se ramène à une mesure de longueur de l'enfoncement rémanent e du pénétrateur après application d'une surcharge (voir figure A.4).

La procédure d'essai comporte trois étapes. Tout d'abord, on applique une précharge F_0 de 90 N sur le pénétrateur qui s'enfonce dans la surface du matériau. Puis, on applique une force supplémentaire F_1 ce qui augmente la profondeur de pénétration. Enfin, on supprime la force F_1 et on lit la valeur de l'enfoncement e. Si la valeur de e est en millimètre, la dureté Rockwell est donnée par les relations suivantes :

$$HRC = 100 - 500e \qquad HRB = 130 - 500e \tag{A.4}$$

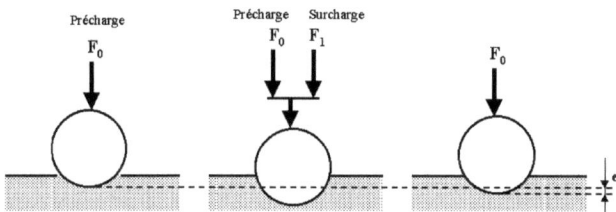

FIGURE A.4 – *Principe de l'essai de dureté Rockwell.*

A.4   Dureté Knoop

L'essai Knoop permet la mesure de dureté des matériaux fragiles comme les verres et les céramiques. Elle est très bien adaptée pour les couches minces [94].

L'indentateur est en diamant de forme pyramidale à base losange très allongée (voir figure A.5). L'angle formé par les deux faces opposées est de 172°30' et l'angle entre les deux faces adjacentes de 130°. Les charges appliquées sont faibles (inférieure à 10 N). La taille de l'empreinte comprise entre 0,01 et 0,1 mm. La dureté Knoop est donnée par la formule :

$$HK = 14,229\frac{F}{D^2} \tag{A.5}$$

avec F(N) la force appliquée et D (mm) la longueur de la grande diagonale de l'empreinte (voir figure A.5).

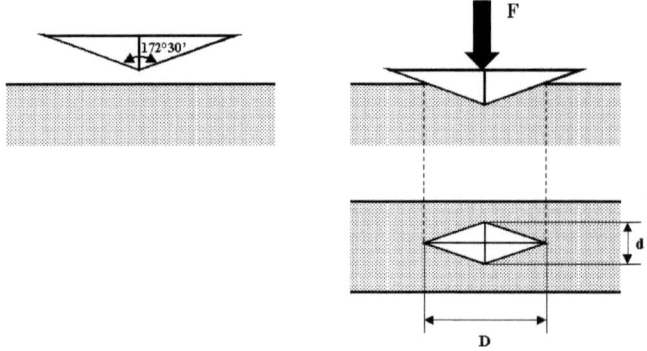

FIGURE A.5 – *Principe de l'essai de dureté Knoop.*

A.5   Dureté de quelques matériaux

On donne dans la table A.1 la dureté de quelques matériaux. Le diamant est actuellement le matériau le plus dur. Il correspond à la phase haute-température haute-pression du carbone. Sur l'échelle de dureté, il est suivi d'assez loin par le nitrure de bore dans sa structure cubique. Les autres matériaux durs sont essentiellement des oxydes, des carbures et des nitrures.

Matériau	Formule	Dureté Mohs	Dureté Vickers (GPa)
Talc	$Mg_3[(OH)_2/Si_4O_{10}]$	1	
Gypse	$CaSO_4$	2	
Calcite	$CaCO_3$	3	
Fluorite	CaF_2	4	
Apatite	$Ca_5[(F,OH)/(PO_4)]$	5	
Orthose	$KAlSi_3O_8$	6	
Quartz	SiO_2	7	
Topaze	$Al_2[F_2/SiO_4]$	8	
Corindon	$Al_2O_3 - TiN$	9	22 ± 2
Nitrure de titane	TiN		18 ± 2
Nitrure de hafnium	HfN		15 ± 1
Nitrure de galium	GaN		12 ± 2
Carbure de silicium	SiC		12
Germanium	Ge		8
Carbure de titane	TiC		29 ± 3
Stishovite	SiO_2		33 ± 2
Oxyde de bore	B_6O		35 ± 5
Nitrure de bore cubique	c-BN		63 ± 2
Diamant	C	10	96 ± 5

TABLE A.1 – *La dureté de quelques éléments exprimée sur les échelles de Mohs et de Vickers.*

A.6 Nanoindentation

L'indentation est une méthode assez ancienne de mesure des propriétés mécaniques des matériaux. Il s'agit d'appliquer sur la surface du matériau un indentateur soumis à une charge et d'observer la réponse à la fois élastique et plastique. La transposition de cet essai à l'échelle nanométrique (< 100 nm), permet grâce à une méthode développée notamment par Oliver et Pharr [25], la mesure de la dureté et des modules élastiques d'un matériau. Avec l'intérêt grandissant porté aux couches minces, la nanoindentation est devenue une méthode intéressante pour déterminer surtout les propriétés mécaniques.

Lors de l'essai de nanoindentation, la charge et le déplacement de l'indentateur sont enregistrés simultanément (voir figure 1.1). La courbe observée permet la détermination de diverses grandeurs mécaniques (dureté, module de Young, ténacité, ...). Ainsi, sur des échantillons de silicium, par exemple, on observe un décrochement sur la courbe de décharge. Cette anomalie traduit une transition de phase du silicium vers une structure plus dense (voir § 1.2.3).

L'appareil le plus adapté pour ce type de mesure est le microscope à force atomique (AFM, Atomic Force Microscopy). Son principe est simple. En balayant la surface de l'échantillon autour de la zone indentée l'AFM fournit une cartographie de la surface balayée et permet ainsi de savoir si la matière subit une déformation plastique, une fissuration, etc.

Annexe B

Théories du contact

B.1   Modèle de Hertz

Pour résoudre le problème de contact on prend comme exemple la compression de deux sphères l'un sur l'autre avec une pression normale P (voir figure 1.3). Le rapprochement résultant de l'application de cette pression est noté h. Soient u_{z1} et u_{z2} les déplacements des origines des repères respectivement du solide 1 et du solide 2. La première constatation de l'étude des déplacements des points de deux surfaces de contact montre bien qu'ils vérifient l'équation suivante (figure B.1) :

$$h \;=\; (z_1 + u_{z1}) + (z_2 + u_{z2}) \tag{B.1}$$

Cette égalité devient à l'extérieur de la zone de contact, où les deux sphères ne se touchent pas comme suit (voir figure 1.3) :

$$h \;>\; (z_1 + u_{z1}) + (z_2 + u_{z2}) \tag{B.2}$$

En utilisant l'équation Eq.B.1, on obtient la relation suivante :

$$u_{z1} + u_{z2} = h - Ax^2 - By^2 = h - \frac{1}{2R'}x^2 + \frac{1}{2R''}y^2 \tag{B.3}$$

où les constantes A et B sont exprimées en fonction des rayons des courbures de deux solides en contact par les relations suivantes [16][104] :

$$A + B = \frac{1}{2}\left(\frac{1}{R'_1} + \frac{1}{R''_1} + \frac{1}{R'_2} + \frac{1}{R''_2}\right) \qquad \text{(B.4)}$$

$$B - A = \frac{1}{2}\left[\left(\frac{1}{R'_1} - \frac{1}{R''_1}\right)^2 + \left(\frac{1}{R'_2} - \frac{1}{R''_2}\right)^2 + 2cos2\theta\left(\frac{1}{R'_1} - \frac{1}{R''_1}\right)\left(\frac{1}{R'_2} - \frac{1}{R''_2}\right)\right]^{\frac{1}{2}} \text{(B.5)}$$

Avec θ est l'angle entre les axes (x_1, y_1) et (x_2, y_2).

Donc la résolution du problème de contact revient à la recherche de la distribution de la pression transmise entre les deux solides à leur surface de contact. Plusieurs méthodes on été proposées pour déterminer cette distribution de pression. Le modèle le plus adapté pour la résolution de ces problèmes est le modèle de Hertz. La théorie de Hertz du contact élastique est valable sous des hypothèses simplificatrices. Premièrement, la force appliquée sur les deux solides est purement de compression, donc on néglige les forces tangentielles. Deuxièmement, on reste toujours dans le domaines élastiques ce qui nécessite des déformations faibles. Troisièmement, la pénétration des deux solides reste faible devant leur taille c'est-à-dire que l'on reste loin du cas ou le deux solides s'emboîtent.

En utilisant la théorie de Hertz on trouve des relations entre l'aire de contact a, la distance d'approche des deux solides h et la charge P appliquée sur les deux solides. Pour trouver ces relations on considère un exemple simple des deux sphères en contact (voir figure B.1). Les rayons deviennent $R_1 = R'_1 = R''_1$ et $R_2 = R'_2 = R''_2$. La surface de contact est un cercle de rayon a et de centre le point contact entre le deux sphères (figure B.1). Les deux constantes A et B de l'expression de h vérifient :

$$A = B = \frac{1}{2}\left(\frac{1}{R_1} + \frac{1}{R_2}\right) \qquad \text{(B.6)}$$

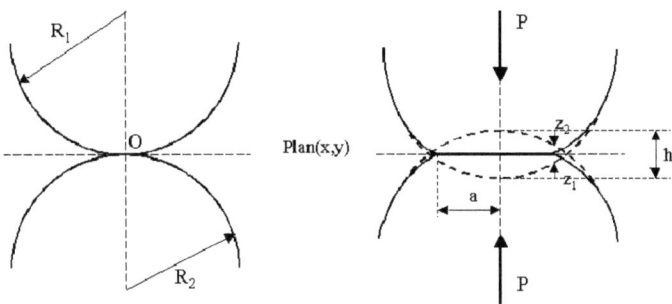

FIGURE B.1 – *Géométrie de contact entre deux sphères sous une pression normale P.*

En appelant $r^2 = x^2 + y^2$ et $1/R = 1/R_1 + 1/R_2$ la relation Eq.B.3 devient :

$$u_{z1} + u_{z2} = h - \frac{1}{2R}r^2 \qquad (B.7)$$

On définit un module de Young effectif sous la forme :

$$\frac{1}{K} = \frac{3}{4}\left(\frac{1 - \nu_1^2}{E_1} + \frac{1 - \nu_2^2}{E_2}\right) \qquad (B.8)$$

Avec E_1, E_2, ν_1 et ν_2 sont respectivement les modules de Young et de Poisson des solides 1 et 2 qui sont en contact.

En utilisant la distribution de pression au niveau de la zone de contact $p = p_o(1 - r^2/a^2)^{1/2}$, on déduit l'expression de la charge totale P appliquée sur les solides :

$$P = \int_o^a p(r)2\pi r dr = \frac{2}{3}p_o\pi a^2 \qquad (B.9)$$

On déduit donc avec le modèle de Hertz des relations importantes qui relient la charge appliquée sur les solides et la surface de contact d'un coté et entre cette charge et la distribution de pression au niveau de la zone de contact d'un autre coté.

$$a = \left(\frac{PR}{K}\right)^{\frac{1}{3}} \qquad h = \frac{a^2}{R}\left(\frac{P^2}{RK^2}\right)^{\frac{1}{3}} \qquad p_0 = \frac{3P}{2\pi a^2} = \frac{3}{2}\left(\frac{PK^2}{\pi^3 R^2}\right)^{\frac{1}{3}} \quad \text{(B.10)}$$

Le modèle de Hertz présente une méthode pour traiter le problème de contact de façon simple. Ce modèle reste limité parce qu'il traite le problème de contact pour des solides de forme simple, neglige la force tangentielle et se limite au domaine élastique ce qui n'est pas le cas pour le problème réel du contact. Le modèle de Hertz a été repris par plusieurs chercheurs pour l'étendre sur un domaine d'application plus étendu.

B.2   Modèle de Sneddon

L'une des solutions les plus adaptées au problème d'indentation a été proposée par Sneddon [10]. Cette étude a étendu le modèle de Hertz pour calculer le profondeur de pénétration h avec une grande précision surtout pour des formes axisymétriques. On présente au début le cas de l'indentation d'une surface infinie par une cylindre de rayon a. Dans ce cas l'expression de la pression en fonction de la profondeur de pénétration est :

$$P = \frac{3}{2}aKh \qquad\qquad \text{(B.11)}$$

où h est la pénétration du cylindre dans le demi-plan et $K = \frac{4E}{3(1-\nu^2)}$ est le module de young réduit. La théorie de l'élasticité nous donne une relation du module de young en fonction du module de cisaillement :

$$E = 2G(1+\nu) \qquad\qquad \text{(B.12)}$$

En injectant l'équation Eq.B.12 dans l'équation Eq.B.11, l'expression de la pression P appliquée sur le cylindre est liée à la profondeur de pénétration h par la relation :

$$P = \frac{4Ga}{1-\nu}h \qquad\qquad \text{(B.13)}$$

où G est le module de cisaillement et ν est le coefficient de Poisson.

En considérant que l'aire du cylindre est $A_c = \pi a^2$ et en introduisant la relation Eq.B.12 dans la relation Eq.B.13. On obtient :

$$\frac{dP}{dh} = \frac{2}{\sqrt{\pi}} \frac{E}{(1 - \nu^2)} \sqrt{A_c} \tag{B.14}$$

Pour tenir compte des propriétés élastiques de l'ensemble indentateur et échantillon on remplace le module de Young par le module de Young réduit Eq.B.8 qui combine les propriétés élastiques de l'indentateur et de l'échantillon.

$$\frac{dP}{dh} = \frac{2}{\sqrt{\pi}} K \sqrt{A_c} \tag{B.15}$$

On pose $S = dP/dh$. Cette constante représente la rigidité des matériaux, soit la tangente à la courbe de décharge au point d'intersection avec la courbe de charge. Le module de Young qui devient :

$$K = \frac{\sqrt{\pi}}{2} \frac{S}{\sqrt{A_c}} \tag{B.16}$$

Cette relation montre bien que pour des indentateurs de forme axisymétrique la relation entre la rigidité S et la projection de l'aire de contact A_c sont indépendantes de la géométrie de l'indentateur. En utilisant les méthodes d'éléments finis, King [105] a ajouté un coefficient de correction β à la formule Eq.B.16 pour les indentateurs non axisymétrique (voir Eq.B.17). Pour un indentateur Vickers la valeur de cette correction est $\beta = 1,0124$.

$$K = \beta \frac{S}{\sqrt{A_c}} \tag{B.17}$$

La dureté H du matériau est calculée par la méthode dite Oliver et Pharr [25]. Elle est déterminée en utilisant la formule :

$$H = \frac{P_{max}}{A_c} \tag{B.18}$$

où P_{max} est la charge maximale appliquée sur l'échantillon et A_c est la surface de
la section de l'indentateur. La constante A_c est fortement liée à la profondeur de
pénétration maximale h_{max}. Plusieurs études ont été proposées pour déterminer une
valeur de h_{max} qui correspond bien à la valeur expérimentale et qui donne une valeur
correcte de la dureté.

On présente dans cette étude la méthode de Oliver et Pharr [25] pour l'exploration
de l'empreinte laissée sur l'échantillon. On suit au début un essai d'indentation qui
est formé généralement par trois phases qui sont, l'état à charge nulle, la pénétration
de l'indentateur sous pression de la charge et finalement le décharge en laissant une
empreinte sur la surface. La figure B.2 schématise un exemple d'essai d'indentation.

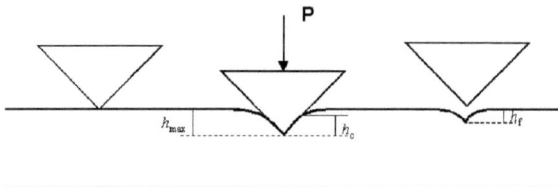

FIGURE B.2 – *Schéma d'un essai d'indentation.*

Pour obtenir la véritable profondeur de l'indentation on analyse dans la figure B.3
les différentes paramètres qui caractérisent l'empreinte d'indentation. En utilisant
les deux figures B.2 et B.3. On présente dans ce qui suit les relations qui lient les
différentes valeurs des profondeurs d'indentation entre eux et la relation avec la dureté.
On considère h la valeur de pénétration de l'indentateur dans l'échantillon. En tenant
compte de la déflection élastique de la surface à proximité de l'empreinte on obtient
la relation :

$$h = h_s + h_c \tag{B.19}$$

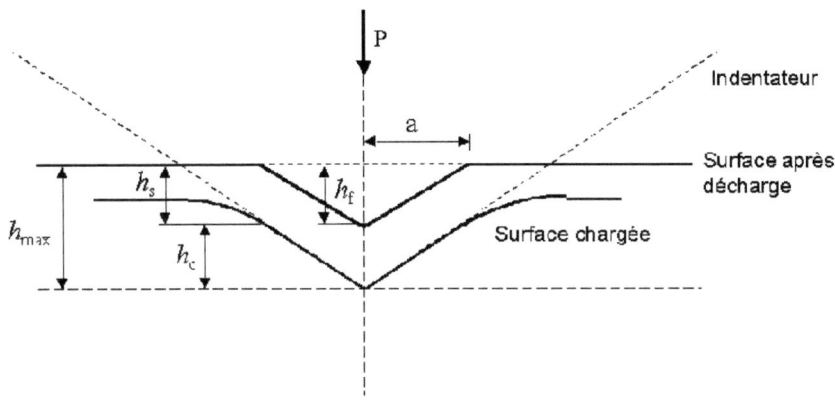

FigURE B.3 – *Les différents paramètres caractérisant l'empreinte d'indentation.*

Une première solution proposé par Sneddon [10] pour un indentateur conique est :

$$h_s = \left(\frac{\pi - 2}{\pi} \right) (h - h_f) \tag{B.20}$$

où h_f est la profondeur de pénétration après décharge.

La deuxième solution lie la charge à la rigidité S. La rigidité est définie comme la pente de la droite tangente au sommet de la courbe de décharge [25] :

$$(h - h_f) = 2 \frac{P}{S} \tag{B.21}$$

En intercalant la relation Eq.B.20 dans la relation Eq.B.21 et en remplaçant P par P_{max} on obtient :

$$h_s = \left(2 \frac{\pi - 2}{\pi} \right) \frac{P_{max}}{S} \tag{B.22}$$

On pose $\epsilon = 2(\pi - 2)/\pi$, l'expression de h_s devient :

$$h_s = \epsilon \frac{P_{max}}{S} \tag{B.23}$$

avec $\epsilon = 0,72$. Ces corrections de la profondeur d'indentation permettent bien de mieux approximer cette valeur ce qui fait une bonne approximation de la valeur de la dureté.

B.3   Contact adhésif

B.3.1   Introduction

A partir du cycle charge-décharge, on peut distinguer quatre phases de l'évolution de l'essai d'indentation : une première phase de variation de la force normale lorsqu'on est très proche de la surface, c'est la phase où apparaissent les forces d'attraction, une deuxième phase qui correspond à l'enfoncement dans le matériau jusqu'à une valeur maximale de force d'indentation. La troisième phase correspond à la courbe de décharge, la pente du début de la courbe de décharge permet de déterminer la raideur du contact et le module d'élasticité. La dernière phase correspond aux efforts négatifs enregistrés lors de la décharge, **c'est la zone des forces d'adhésion**.

L'adhésion influence d'une manière importante l'aire de contact hertzien ainsi que le champ de pression entre l'indentateur et le matériau, par conséquent les propriétés mécaniques et de frottement du massif indenté sont influencées d'une manière importante. Afin d'optimiser la mesure de ces propriétés mécaniques, on s'est appuyé sur les théories d'adhésion de Johnson et al. [106][107] et Derjaguin et al. [108]. Comparativement à la théorie de Hertz, les théories de Johnson et Derjaguin est la plus adaptée à la caractérisation mécanique des essais d'indentation. L'évolution de la force attractive et de la force adhésive ont été étudiées en fonction des différents paramètres tels que l'effort normal, la vitesse d'indentation, le temps de contact et la géométrie des indentateurs.

La théorie de Hertz ne tient pas compte des forces d'adhésion qui interviennent entre les deux solides en contact. Pour mieux rendre compte des forces de contact, plusieurs études ont proposé des corrections à la théorie de Hertz. En étudiant le modèle de base formé par deux sphères en contact, l'énergie d'adhésion ω correspondant à la disparition des deux surfaces libres et la création d'une interface est :

$$\omega \;=\; \gamma_1 + \gamma_2 - \gamma_{12} \tag{B.24}$$

où γ_1 et γ_2 sont les énergies superficielles pour chacune des deux surfaces et γ_{12} est l'énergie interfaciale des deux solides en contact.

A l'échelle du nanomètre les forces adhésives sont estimées être de l'ordre des forces normales statiques ce qui fait que le rôle de ces forces n'est pas négligeable, d'où l'importance de les prendre en compte. On décrit dans ce qui suit deux modèles qui décrivent la force d'adhésion.

B.3.2   La théorie de Johnson, Kendall et Roberts (JKR)

La théorie JKR, est formulée par Johnson, Kendall et Roberts en 1971 [106][107]. Cette théorie est basée sur la correction de la théorie de contact de Hertz. En tenant compte des forces de l'énergie d'adhésion ω, la théorie JKR prévoit des valeurs de la charge et de la profondeur d'indentation inférieures à celles proposée par Hertz. Ces valeurs sont exprimées par les relations :

$$P = \frac{Ka^3}{R} - \sqrt{6\pi Ka^3\omega} \qquad h = \frac{a^2}{R} - \sqrt{\frac{8\pi a\omega}{3K}} \tag{B.25}$$

La correction de la charge P et la profondeur d'indentation h influent directement sur la valeur du rayon de contact a. Pour une même charge P, la théorie JKR prévoit un rayon de contact plus grand que celui proposé par la théorie de Hertz. La valeur du rayon de contact a est exprimée en fonction de la géométrie des surfaces, les propriétés élastiques et la force d'adhésion.

$$a \;=\; \left[\frac{R}{K}(P + 3\pi\omega R + \sqrt{6\pi\omega RP + (3\pi\omega R)^2}\,)\right]^{\frac{1}{3}} \tag{B.26}$$

avec R le rayon de l'indentateur sphérique, K le module de Young effectif (voir Eq.B.16), P la charge du contact et ω l'énergie d'adhésion.

La théorie JKR diffère de la théorie de Hertz par la proposition d'une valeur non nulle du rayon de contact pour une charge appliquée nulle. Cette valeur est due à la force interfaciale qui revient à inclure l'effet des interactions interatomiques entre les atomes de la pointe de l'indentateur et la surface.

$$a_0 \;=\; \left(\frac{6\pi\omega R^2}{K}\right)^{\frac{1}{3}} \tag{B.27}$$

En combinant les équations Eq.B.25, l'expression de la profondeur de pénétration devient :

$$h \;=\; \frac{a^2}{R} + \frac{2P}{3aK} \tag{B.28}$$

En utilisant les deux formes de la profondeur de pénétration présenter dans les équations Eq.B.25, on déduit l'expression de l'énergie d'adhésion ω.

$$\omega \;=\; \frac{1}{6\pi K a^3}\left(P - \frac{Ka^3}{R}\right)^2 \tag{B.29}$$

B.3.3   La théorie de Derjaguin, Muller et Toporov (DMT)

Le modèle de DMT est proposé par Derjaguin, Muller et Toporov en 1975 [108]. Cette théorie corrige le modèle de Hertz en tenant compte des forces interfaciales au voisinage de la zone du contact. L'expression de la charge normale hertzienne devient :

$$P + 2\pi\omega R \;=\; \frac{a^3 K}{R} \tag{B.30}$$

En utilisant la relation donnée par la théorie de Hertz $a^3 = RP/K$, le rayon de contact proposé par la théorie DMT pour une charge appliquée P est donné par la relation :

$$a \;=\; \left(\frac{R}{K}(P + 2\pi\omega R)\right)^{\frac{1}{3}} \tag{B.31}$$

Pour une charge nulle la valeur du rayon de contact est :

$$a_0 = \left(\frac{2\pi\omega R^2}{K}\right)^{\frac{1}{3}} \tag{B.32}$$

La valeur du profondeur d'indentation pour le modèle de DMT reste Hertzienne $h = a^2/R$. En remplaçant le rayon de contact par sa valeur donnée par l'équation Eq.B.31 on obtient :

$$h = \frac{(P + 2\pi\omega R)^{\frac{2}{3}}}{R^{\frac{1}{3}}K^{\frac{2}{3}}} \tag{B.33}$$

Annexe C

Code de calcul FHI98md

Nos résultats numériques ont été obtenus à l'aide du package fhi98md [47] qui utilise la théorie de la fonctionnelle de densité [71]. Cette théorie est maintenant décrite dans divers ouvrages [109]. Ce code permet le calcul ab-initio de diverses propriétés physiques du solide, sans paramètres ajustables. Les fonctions d'onde sont développées sur une base d'ondes planes et/ou une combinaison linéaire d'orbitales atomiques (LCAO). Les approximations de la densité locale [110] ou du gradient généralisé [111] sont utilisées pour modéliser l'énergie d'échange et de corrélation. Des pseudo-potentiels premiers principes, type Hamann [72]ou Troullier-Martins [117], sont utilisés pour décrire le potentiel créé par les noyaux et les électrons de coeur et dans lequel baignent les électrons de valence. Leur construction présente quelques difficultés dans le cas des métaux de transition. Ces difficultés sont dues au nombre élevé d'électrons, à des orbitales atomiques serrées et au fortes oscillations des fonctions d'ondes au voisinage des noyaux atomiques. Les équations de Kohn-Sham qui sont de type Schrödinger, sont résolues par des méthodes itératives (steepest descent, Williams-Solar et algorithme de Joannopoulos). Le passage de l'espace direct à l'espace réciproque est assuré par la transformée de Fourier rapide. L'échantillonnage de la zone du Brillouin est réalisé suivant le schéma de Monkhorst et Pack [74]. Nous donnons ci-dessous les grandes lignes de la théorie de la fonctionnelle de densité, en mettant l'accent sur les différentes approximations qui permettent de la traduire en un code de calcul.

C.1   Théorie de la fonctionnelle de la densité (DFT)

La connaissance des propriétés électroniques d'un système à N corps nécessite la détermination de son énergie interne. Pour cela, il faut résoudre l'équation de Schrödinger :

$$H\Psi = E\Psi \tag{C.1}$$

où $H = T + V$ est l'Hamiltonien. L'énergie cinétique des noyaux et des électrons s'écrit :

$$T = -\sum_I \frac{\nabla_I^2}{2M_I} - \sum_i \frac{\nabla_i^2}{2} \tag{C.2}$$

où I est le nombre des ions et i est le nombre des électrons. Les équations sont exprimées en unités atomiques (u.a.). La masse de l'électron, la charge élémentaire, la constante de Planck et la permittivité du vide sont toute posés égales à l'unité.
L'énergie potentielle V, est composée de trois termes. L'énergie d'interaction électron-électron,

$$V^{e-e} = \frac{1}{2}\sum_{k\neq l}\frac{1}{|r_k - r_l|} \tag{C.3}$$

l'énergie d'interaction électron-noyau,

$$V^{e-n} = \frac{1}{2}\sum_{i\neq k}\frac{Z_i}{|r_i - r_k|} \tag{C.4}$$

et l'énergie d'interaction noyau-noyau

$$V^{n-n} = \frac{1}{2}\sum_{I\neq J}\frac{Z_I Z_J}{|R_I - R_J|} \tag{C.5}$$

Malgré l'évolution importante des moyens informatiques, la résolution de l'équation Eq.C.1 reste difficile. Contrairement aux méthodes utilisant la fonction d'onde comme variable, la théorie de la fonctionnelle de la densité présente l'avantage de déterminer de façon simple et précise l'énergie totale des solides ; permettant ainsi la détermination de leurs différentes grandeurs physiques. Les résultats numériques sont très précis à température nulle, i.e., noyaux gelés. Néanmoins, compte tenu de l'approximation adiabatique, elle peut être couplée à des approches de mécanique classique pour prendre en compte la dynamique des noyaux (voir plus loin).

La DFT est basée sur deux théorèmes fondamentaux [71].

Théorème 1 : L'état fondamental d'un système à N électrons ψ est une fonctionnelle unique de la densité électronique $\rho(r)$.

En conséquence, l'énergie électronique est une fonctionnelle de la densité ρ. $\psi[\rho(r)]$ n'étant pas connu, on définit une autre fonctionnelle :

$$F[\rho] \quad = \quad <\psi|(T + V^{e-e})|\psi> \tag{C.6}$$

Le système à N électrons est soumis au potentiel externe créé par les noyaux, V_{ext}. On ajoute donc au terme purement électronique F un terme exprimant les interactions avec les noyaux.

$$E[\rho] \quad = \quad F[\rho] + \int \rho(r) V_{ext}(r) d^3 r \tag{C.7}$$

Théorème 2 : Le minimum de l'énergie totale $E[\rho]$ correspond à la densité exacte de l'état fondamental.

Ce théorème est basé sur le principe variationnel qui signifie que la densité de l'état fondamental ρ_0 minimise l'énergie et que cette valeur minimale est l'énergie de l'état fondamental.

La DFT transforme donc le problème à N-corps en un problème à 3 variables, i.e., la détermination de la densité $\rho(r)$.

C.1.1 Equation de Kohn-Sham

L'énergie totale du système peut être réécrite sous la forme :

$$E[\rho] \quad = \quad T[\rho] + \int dr^3 \rho(r)(V_{ext} + V^H(r)) + E_{xc}[\rho] \tag{C.8}$$

où $T[\rho]$ est maintenant l'énergie cinétique des électrons sans interaction et V^H le potentiel coulombien des électrons (terme de Hartree). Le terme $E_{xc}[\rho]$ qui n'est pas connu, contient toutes les corrections au modèle des électrons indépendants, i.e., les effets d'échange et de corrélation contenus dans le problème à N corps. En minimisant l'énergie par rapport à la fonction d'onde, Kohn et Sham [71] ont obtenu les équations donnant les fonctions d'onde des électrons sans interaction. La détermination de l'énergie de l'état fondamental revient à résoudre ce système d'équations mono-électroniques :

$$\left[-\nabla^2 + V_{eff}[\rho(r)]\right]\psi_i(r) \;=\; \epsilon_i\psi_i(r) \tag{C.9}$$

où ψ_i et ϵ_i sont les fonctions d'ondes et les énergies propres, respectivement. V_{eff} est le potentiel effectif qui s'écrit sous la forme :

$$V_{eff}[\rho(r)] \;=\; V_{ext}(r) + V^H[\rho(r)] + V_{xc}[\rho(r)] \tag{C.10}$$

V^H est le potentiel de Hartree :

$$V^H[\rho(r)] \;=\; \frac{1}{2}\int \frac{\rho(r')}{|r - r'|}\,d^3r' \tag{C.11}$$

et $V_{xc}[\rho(r)]$ le potentiel d'échange et de corrélation :

$$V_{xc}[\rho(r)] \;=\; \frac{\delta E_{XC}[\rho(r))]}{\delta\rho(r)} \tag{C.12}$$

La densité électronique est donnée par :

$$\rho(r) \;=\; \sum_i |\psi_i(r)|^2 \tag{C.13}$$

la somme porte sur les états occupés. Les équations ci-dessus fournissent une méthode exacte pour la détermination de l'énergie d'un système de particules. L'énergie d'échange et de corrélation est le seul terme qui n'est pas défini avec précision.

C.1.2   Énergie d'échange et de corrélation

Pour déterminer cette énergie, on fait appel à diverses approximations. Si la densité électronique varie lentement, l'approximation de la densité locale (LDA) donne des résultats corrects [71] :

$$E_{xc}^{LDA}[\rho] \;\cong\; \int \epsilon_{xc}[\rho(r)]\rho(r)dr \qquad (C.14)$$

où $\epsilon_{xc}[\rho(r)]$ est l'énergie d'échange et de corrélation par électron d'un gaz d'électrons uniforme de densité $\rho(r)$. Diverses expressions de E_{xc} sont disponibles dans la littérature [71][112][113]. Le spin de l'électron peut être pris en compte (Local Spin-Density Approximation). Bien que la LDA donne de bons résultats pour divers propriétés physiques comme le calcul des énergies, propriétés structurales, constantes élastiques, les résultats sont cependant moins bons pour les systèmes qui présentent une forte inhomogénéité de densité de charge. Dans ce cas, on tient compte du gradient de la densité électronique, c'est l'approximation des gradients généralisés (GGA) :

$$E_{xc}^{GGA} \;=\; f_{xc}(\rho(r), \nabla\rho(r)) \qquad (C.15)$$

La fonction f_{xc} est déterminée par ajustement sur des résultats expérimentaux ou par calcul Monte-Carlo [110]. La GGA donne parfois de meilleurs résultats mais conduit souvent à une augmentation significative des paramètres de maille. D'autres méthodes ont été proposées pour améliorer les approches LDA et GGA (GGA-SIC : correction de l'interaction artificielle de l'électron avec lui même [114] ; LDA-U : pour les électrons localisés [115], etc.).

C.1.3   Pseudopotentiels

Les électrons des couches internes sont fortement liés aux noyaux et sont chimiquement inertes. Il est donc raisonnable de remplacer le potentiel externe par un pseudo-potentiel faiblement attractif, qui élimine les interactions entre les électrons de valence et l'ion (noyau + électrons de coeur). Les variations des pseudo-fonctions d'onde des électrons de valence seront plus régulières, i.e, les fortes oscillations au voisinage du coeur sont supprimées (voir figure C.1). L'utilisation d'une base d'ondes planes pour décomposer les pseudo-fonctions d'ondes sera d'autant justifiée (voir ci-dessous). La méthode du pseudo-potentiel est décrite dans le livre de Harrison [116] et dans les travaux de Cohen et Heine [77]. Il existe au moins deux méthodes de construction du pseudopotentiel, celle de Hamann [72] et de Troullier-Martins [117].

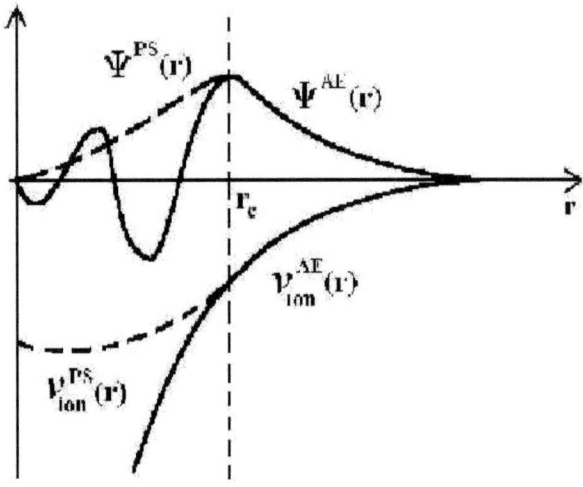

FIGURE C.1 – *Potentiel externe ν_{ion}^{AE} et pseudopotentiel ν_{ion}^{PS} et fonctions d'ondes associées Ψ^{AE} et Ψ^{PS}. Le raccordement se fait en r_c, appelé rayon du coeur.*

Le remplacement du potentiel externe par un pseudo-potentiel doit vérifier trois critères qui sont : (i) les pseudo-fonctions d'ondes des électrons de valence ne doivent pas contenir de noeuds au voisinage du noyau ; (ii) les pseudo-fonctions d'ondes et les fonctions d'onde réelles des électrons doivent correspondre aux mêmes valeurs d'énergies :

$$\varepsilon_{nl}^{ps} = \varepsilon_{nl} \tag{C.16}$$

(iii) Les composantes radiales de la pseudo-fonction d'onde U_{nl}^{ps} et de la fonction d'onde réelle U_{nl} doivent avoir la même amplitude pour obtenir un pseudo-potentiel à norme conservée.

$$\int_0^\infty |U_l^{ps}(\varepsilon_{nl}^{ps}, r)|^2 dr \;=\; \int_0^\infty |U_{nl}(\varepsilon_{nl}, r)|^2 dr = 1 \qquad (C.17)$$

Pseudopotentiels à norme conservée

Les fonctions d'ondes et les pseudo fonctions d'ondes doivent être identiques pour $r > r_c$; de sorte que les deux fonctions d'ondes produisent des densités électroniques de charge identiques.

$$\int_0^{r_c} \psi_{AE}\psi_{AE}^* dr \;=\; \int_0^{r_c} \psi_{ps}\psi_{ps}^* dr \qquad (C.18)$$

ψ_{ps}^* est la pseudo fonction d'onde et ψ_{AE}^* la fonction d'onde réelle, i.e., quand tous les électrons (AE) sont pris en compte. Les figures C.2 et C.3 montrent le pseudopotentiel de l'osmium.

C.1.4   Résolution des équations de Kohn-Sham

Il reste à choisir une base pour décomposer les fonctions d'ondes. D'après le théorème de Bloch toutes les fonctions d'ondes se décomposent en somme d'ondes planes :

$$\psi_i(r) \;=\; \sum_{k,G} c_{i,k+G}\, exp\left[i(k+G)\cdot r\right] \qquad (C.19)$$

où G est un vecteur de l'espace réciproque permis par la symétrie du cristal et k un point de la zone de Brillouin. Le développement est limité aux ondes planes dont l'énergie cinétique est inférieure à une certaine énergie, le "cutoff" :

$$|k+G|^2 \;\leq\; E_{cut} \qquad (C.20)$$

la valeur E_{cut} dépend fortement du système étudié et de la précision de calcul recherchée.

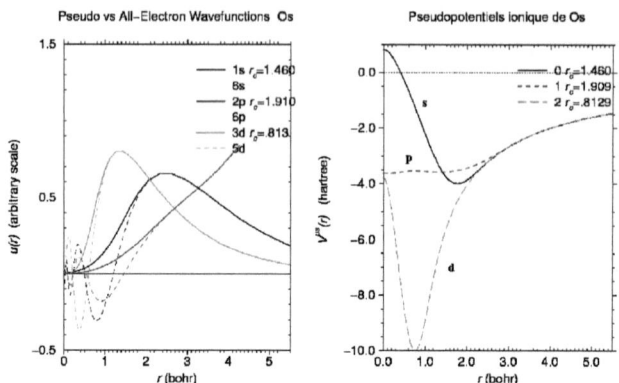

FIGURE C.2 – *A gauche : Fonctions d'ondes (trait interrompu) et pseudo fonctions d'ondes (trait contenu) de l'osmium. A droite : Pseudopotentiels ioniques. r_l^c sont les rayons de coupure exprimés en bohr.*

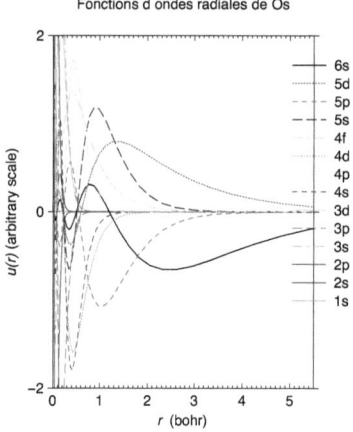

FIGURE C.3 – *Les fonctions d'ondes radiales de Os.*

L'utilisation de la base d'ondes planes simplifie l'expression des orbitales de Kohn-Sham. La substitution de l'équation Eq.C.19 dans les équations de Kohn-Sham Eq.C.9 revient à prendre leurs transformées de Fourier. L'intégration des équations Eq.C.9 devient un problème matriciel :

$$\sum_{G'}[\,|k+G|^2\delta_{GG'} + V_{ext}(G-G') + \Phi(G-G') + V_{xc}(G-G')]c_{i,k+G'} = \epsilon_i c_{i,k+G'}$$

la taille de cette matrice est déterminée par le choix de l'énergie E_{cut}. Ce problème de self consistant va dépendre de la diagonalisation de cette matrice est réalisée par un algorithme itératif (voir ci-dessous).

Une base d'onde plane est facile à manipuler numériquement, par contre, elle n'est pas bien adaptée pour suivre les oscillations de la fonction d'onde au voisinage du coeur. D'où la nécessité de remplacer le potentiel externe par un pseudo-potentiel, moins attractif. Les pseudo-fonctions d'onde sont alors de "bonnes fonctions" qui n'oscillent pas. Leur décomposition peut se faire sur une base d'ondes planes de taille limitée.

C.1.5   Méthodes de minimisation de l'énergie totale

La détermination de l'état fondamental d'un système nécessite la résolution des équations de Kohn-Sham. Les méthodes itératives nécessitent un large espace mémoire et un temps de calcul très grand à cause du grand nombre d'opérations à effectuer. Le chemin de minimisation de l'énergie est imposé par une équation de mouvement. Le code fhi98md utilise les méthodes itératives suivantes : steepest descent, Damped Joannopoulos et Williams-Solar.

a- Steepest Descent [118]

C'est la plus simple méthode itérative. L'équation du mouvement est du premier ordre :

$$\frac{d}{dt}|\psi_{ik}^{(t)}> = (\tilde{\epsilon}_{i,k} - \hat{H}_{KS})|\psi_{ik}^{(t)}> \tag{C.21}$$

où $\hat{H}_{KS}$ est l'Hamiltonien de Kohn-Sham, $\tilde{\epsilon}_{i,k}$ un multiplicateur de Lagrange et t un temps fictif. L'orthonormalisation des fonctions est réalisée à chaque itération. Dans cette approche la fonction d'onde à l'instant $t+1$ est construite à partir de la fonction d'onde obtenue à l'instant t,

$$< G + k|\psi_{ik}^{(t+1)} > = < G + k|\psi_{ik}^{(t)} > + \beta < G + k|\psi_{ik}^{(t)} >$$
$$- \eta < G + k|\hat{H}_{KS}|\psi_{ik}^{(t)} > \qquad (C.22)$$

où $\beta = \delta t \tilde{\epsilon}_{i,k}$ et $\eta = \delta t$, le pas de temps.

Ce processus itératif n'a pas besoin d'un grand espace mémoire mais la vitesse de convergence est plutôt faible.

b- Amortissement de Joannopoulos [119]

Ce processus est basé sur une équation de mouvement du second ordre,

$$\frac{d^2}{dt^2}|\psi_{ik}^{(t)} > + 2\gamma\frac{d}{dt}|\psi_{ik}^{(t)} > = (\tilde{\epsilon}_{i,k} - \hat{H}_{KS})|\psi_{ik}^{(t)} > \qquad (C.23)$$

où γ est un paramètre d'amortissement. Cette équation est intégrée suivant l'approche de Joannopoulos. Dans cet algorithme, la fonction d'onde à l'instant $t+1$ est déterminée à partir des fonctions d'ondes déterminées aux instants t et $t-1$:

$$< G + K|\psi_{ik}^{(t+1)} > = < G + K|\psi_{ik}^{(t)} > + \beta_G < G + K|\psi_{ik}^{(t)} >$$
$$- \gamma_G < G + K|\psi_{ik}^{(t-1)} > - \eta_G < G + K|\hat{H}_{KS}|\psi_{ik}^{(t)} > \qquad (C.24)$$

où les coefficients β, γ et η sont donnés par les expressions suivantes :

$$\beta_G = \frac{\tilde{\epsilon}_{ik}(h_G(\delta t) - 1) - < G + K|\hat{H}_{KS}|G + K > e^{-\gamma\delta t}}{\tilde{\epsilon}_{i,k} - < G + K|\hat{H}_{KS}|G + K >} \qquad (C.25)$$

$$\gamma_G = e^{-\gamma\delta t} \qquad (C.26)$$

$$\eta_G = \frac{h_G(\delta t) - e^{-\gamma\delta t} - 1}{\tilde{\epsilon}_{i,k} - < G + K|\hat{H}_{KS}|G + K >} \qquad (C.27)$$

La fonction $h(\delta t)$ est définie par :

$$h_G(\delta t) = \begin{cases} 2e^{-\frac{\gamma}{2}\delta t}cos(\omega_G \delta t) & si \ \ \omega_G^2 \geq 0 \\ 2e^{-\frac{\gamma}{2}\delta t}cosh\left(\sqrt{|\omega_G^2|}\delta t\right) & si \ \ \omega_G^2 < 0 \end{cases} \tag{C.28}$$

Avec $\omega_G^2 = <G+K|\hat{H}_{KS}|G+K> -\tilde{\epsilon}_{i,k} - \frac{\gamma^2}{4}$ et $\tilde{\epsilon}_{i,k} = <\psi_{i,k}^{(t)}|\hat{H}_{KS}|\psi_{i,k}^{(t)}>$

c- Méthode de Williams-Solar [120]

C'est un cas particulier de la méthode de Joannoupolos, i.e., $\gamma \to 0$. Ce chemin d'intégration est recommandé si les conditions de stockage ne permettent pas l'emploi total de l'algorithme de Joannoupolos. Les coefficients donnés ci-dessus deviennent :

$$\beta_G = \frac{\tilde{\epsilon}_{i,k}[e^{(\tilde{\epsilon}_{i,k} - <G+K|\hat{H}_{KS}|G+K>)\delta t} - 1]}{\tilde{\epsilon}_{i,k} - <G+K|\hat{H}_{KS}|G+K>} \tag{C.29}$$

$$\eta_G = \frac{e^{(\tilde{\epsilon}_{i,k} - <G+K|\hat{H}_{KS}|G+K>)\delta t} - 1}{\tilde{\epsilon}_{i,k} - <G+K|\hat{H}_{KS}|G+K>} \tag{C.30}$$

avec $\gamma_G = 0$

C.1.6 Dynamique moléculaire

La dynamique moléculaire a pour but de décrire l'évolution du système dans le temps et de trouver l'énergie minimale qui correspond à la structure la plus stable. Car et Parrinello ont proposé une première méthode en 1985 [121]. C'est une méthode de Lagrangien étendu qui considère les fonctions d'ondes électroniques comme des variables dynamiques fictives [118]. Le Lagrangien est défini par :

$$L = \sum_i \mu <\dot{\psi}_i|\dot{\psi}_i> -E[\{\psi_i\}, \{R_I\}, \{\alpha_n\}] \tag{C.31}$$

où μ est la masse fictive associée aux fonctions d'ondes électroniques, E est l'énergie de Kohn-Sham, R_I la position d'un ion et α_n définit la taille et la forme de la cellule élémentaire. En tenant compte des contraintes d'orthonormalisation des fonctions d'ondes, le Lagrangien devient :

$$L = \sum_i \mu < \dot{\psi}_i | \dot{\psi}_i > -E[\{\psi_i\}, \{R_I\}, \{\alpha_n\}] + \sum_{i,j} \Lambda_{ij}[\{ \int \psi_i^*(r)\psi_j(r)d^3r\} - \delta_{ij}] \quad (C.32)$$

où $\Lambda_{ij} = \epsilon_i \delta_{ij}$ sont les multiplicateurs de Lagrange. Les équations d'Euler-Lagrange donnent :

$$\mu \ddot{\psi}_i = -H\psi_i + \sum_j \Lambda_{ij}\psi_j \quad (C.33)$$

H est l'Hamiltonien de Kohn-Sham. Cette dernière expression peut être transformée en une équation de mouvement :

$$\mu \ddot{\psi}_i = -[H - \lambda_i]\psi_i \quad (C.34)$$

avec $\lambda_i = < \psi_i|H|\psi_i >$. Plusieurs algorithmes sont utilisés pour intégrer numériquement les équations de mouvement. L'algorithme de Verlet [122], qui utilise un développement de Taylor à l'ordre deux des fonctions d'ondes, est très utilisé :

$$\psi_i(\Delta t) = 2\psi_i(0) - \psi_i(-\Delta t) + \Delta t^2 \ddot{\psi}_i(0) \quad (C.35)$$

où Δt est le pas de temps. En introduisant l'équation du mouvement dans cette dernière équation, on obtient :

$$\psi_i(\Delta t) = 2\psi_i(0) - \psi_i(-\Delta t) + \frac{\Delta t^2}{\mu}[H - \lambda_i]\psi_i(0) \quad (C.36)$$

Néanmoins, la méthode de Car et Parrinello nécessite un paramètre de convergence. Il n'apparaît pas dans les équations données ci-dessus.

Annexe D

Calcul ab-initio des propriétés élastiques

La dureté d'un matériau réaliste est une propriété très complexe qui dépend de divers paramètres (porosité, défauts, impuretés). Elle caractérise la résistance d'un matériau aux déformations élastiques et plastiques. Il est donc difficile de la modéliser. Néanmoins, elle est corrélée à diverses grandeurs physiques traduisant la force des liaisons chimiques et en particulier les modules de cisaillement G et d'incompressibilité B. Le premier représente la résistance à la variation de forme du matériau et le second la résistance à la variation de volume. Ces deux coefficients ou leurs équivalents (coefficients de Lamé, module de Young, module de Poisson, constantes de bending et de stretching) s'expriment tous à l'aide des constantes élastiques C_{IJ}. Le calcul de ces dernières est donc primordiale. Quatre méthodes ab-initio permettent de les calculer : la méthode standard généralement attribuée à Cohen, la méthode de la contrainte de Nielsen et Martin, la méthode de la réponse linéaire de Baroni et la méthode de Hebbache [123][125][65]. Cette dernière méthode a été récemment améliorée par Hamann et Vanderbilt [126], et implémentée dans le code ABINIT par Gonze [127]. Les auteurs ont calculé les dérivées des fonctions d'ondes par rapport aux déformations en utilisant la réponse linéaire, au lieu d'utiliser la théorie des perturbations décrite ci-dessus.

D.1 La méthode standard

Elle consiste à imposer au cristal une déformation η et à calculer la variation
de l'énergie totale. Sous l'effet de la déformation, les vecteurs du réseau direct se
transforment suivant la loi : $\tilde{R} = R(1+\eta)$. $\tilde{R}$ et R sont les matrices qui contiennent les
composantes des vecteurs du réseau direct déformé et non déformé respectivement, 1
est la matrice unité et η la matrice de déformation. L'énergie totale du cristal déformé
est alors développée en puissances de η_{ij} $(i, j = 1 - 3)$, composantes du tenseur des
déformations :

$$E_{tot}(V, \eta) = E_{tot}(V_o, 0) + \frac{1}{2}V_o c_{IJ}\eta_I\eta_J \qquad (D.1)$$

où V et V_o sont, respectivement, les volumes du cristal dans l'etat déformé et non
déformé et c_{IJ} une composante du tenseur des constantes élastiques ou une combinaison linéaire de celles-ci. Les composantes de la déformation sont alors définies suivant
la règle (notation de Voigt) : $\eta_K = \eta_{ij}$ pour $K = 1 - 3$ et $\eta_K = 2\eta_{ij}$ pour $K = 4 - 6$.
$E(V, \eta)$ est calculé pour différentes valeurs de η ($\eta = \pm 0,02n$, $n = 0 - 3$). La courbe

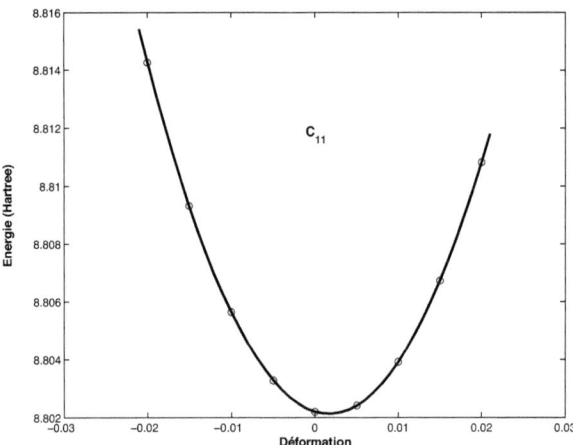

FIGURE D.1 – *Variation de l'énergie électronique totale en fonction des déformations
imposées à la maille cristalline e_I. Les constantes élastiques C_{IJ} sont obtenues en
ajustant les courbes à l'aide d'un développement de l'énergie : $E(e) = E(0) + C_{IJ}e_I e_J$.
Les C_{IJ} sont utilisées comme des paramètres.*

obtenue est alors ajustée à l'aide de l'équation Eq.D.1 ; $E_{tot}(V_o, 0)$, V_o et c_{IJ} jouant le rôle de paramètres de fit.

Cette méthode est très coûteuse en temps de calcul. Il faut au moins une base de 250 ondes planes, 3 points spéciaux et 5 valeurs différentes de la déformation au moins pour obtenir une constante élastique.

D.2   Le théorème de la contrainte

Dans ce cas, les c_{IJ} sont déduites du calcul direct des contraintes. Celles-ci sont obtenues en dérivant, par rapport aux composantes du tenseur des déformations, l'énergie totale du cristal contraint :

$$\sigma_{ij} = \left(\frac{\partial E_{tot}(\eta)}{\partial \eta_{ij}}\right)_{\eta=0} = \sigma_{ij}^{NM} + \sigma_{ij}^{P} \tag{D.2}$$

σ^P représente les forces de Pulay, égales à zéro si on considére une base d'ondes planes pour le développement des fonctions d'ondes. Le premier terme a été obtenu par Nielsen et Martin [123] :

$$\Omega_o \sigma_{ij}^{NM} = \frac{1}{2} \sum_{\gamma,k,G} \Omega |\psi_{k+G}^{\gamma}|^2 \frac{\partial (k+G)^2}{\partial \eta_{ij}} + \sum_{\nu,G\neq 0} \Omega \rho_{-G} S_G^{\nu} \frac{\partial v_G^{\nu}}{\partial \eta_{ij}}$$

$$+ \sum_{\gamma,\nu,k,G,G'} \Omega \psi_{k+G}^{*\gamma} \psi_{k+G'}^{\gamma} S_{G-G'}^{\nu} \frac{\partial \Delta v_{k+G,\, k+G'}^{\nu}}{\partial \eta_{ij}}$$

$$+ \sum_{G\neq 0} 2\pi \Omega^2 |\rho_G|^2 \frac{\partial (\Omega G^2)^{-1}}{\partial \eta_{ij}} + \sum_{G} \Omega \rho_{-G} \frac{\partial \epsilon_G^{xc}}{\partial \eta_{ij}} + \sum_{\nu} Z_{\nu} \sum_{\nu} \frac{\partial \alpha_{\nu}}{\partial \eta_{ij}} + \frac{\partial E_{Ew}}{\partial \eta_{ij}} \tag{D.3}$$

Ω et Ω_o sont, respectivement, le volume du cristal dans l'état contraint et non contraint. G est un vecteur du réseau réciproque et k un point spécial de la zone de Brillouin. ψ_{k+G}^{γ} et ρ_G sont, respectivement, les transformées de Fourier de la fonction d'onde et de la densité de charge. S_G^{ν} est égal à $\exp(iG\tau_{\nu})$, avec $i^2 = -1$. v_G^{ν} est la partie locale du pseudopotentiel ionique et $\Delta v_{k+G,k+G'}^{\nu}$ la partie non-locale [72]. α_{ν} est la partie non Coulombienne du pseudopotentiel [124] et E_{Ew} l'énergie d'interaction entre ions calculée par la méthode de Ewald-Fuchs.

Le théorème de la contrainte nécessite une base d'au moins 500 ondes planes et 2 points spéciaux pour obtenir les c_{IJ} avec une precision de 10 %.

D.3   La méthode de la réponse linéaire

Dans ce cas, la variation de l'énergie totale, due à la déformation, est calculée en utilisant la théorie des perturbations [125].

D.4   Expressions analytiques des c_{IJ}

Elles peuvent être obtenues à partir des contraintes (Eq.D.2), $c_{IJ} = c_{ijkl} = \partial\sigma_{ij}/\partial\eta_{kl}$. La partie principale est donnée par :

$$c_{ijkl} = \frac{1}{2}\sum_{\gamma,k,G}|\psi^\gamma_{k+G}|^2\frac{\partial^2(k+G)^2}{\partial\eta_{ij}\partial\eta_{kl}} + \sum_{\nu,G\neq 0}\rho_{-G}S^\nu_G\frac{\partial^2 v^\nu_G}{\partial\eta_{ij}\partial\eta_{kl}}$$

$$+ \sum_{\gamma,\nu,k,G,G'}\psi^{*\gamma}_{k+G}\psi^\gamma_{k+G'}S^\nu_{G-G'}\frac{\partial^2\Delta v^\nu_{k+G,k+G'}}{\partial\eta_{ij}\partial\eta_{kl}} + \frac{1}{2}\sum_{G\neq 0}4\pi\Omega_o|\rho_G|^2\frac{\partial^2(\Omega G^2)^{-1}}{\partial\eta_{ij}\partial\eta_{kl}}$$

$$+ \sum_G\rho_{-G}\frac{\partial^2\epsilon^{xc}_G}{\partial\eta_{ij}\partial\eta_{kl}} + \frac{1}{\Omega_o}\sum_\nu Z_\nu\sum_\nu\frac{\partial^2\alpha_\nu}{\partial\eta_{ij}\partial\eta_{kl}} + \frac{1}{\Omega_o}\frac{\partial^2 E_{Ew}}{\partial\eta_{ij}\partial\eta_{kl}} \qquad (D.4)$$

auquelle il faut rajouter une partie qui dépend explicitement de la dérivée des fonctions d'ondes :

$$+ \frac{1}{\Omega_o}\left(\frac{1}{4}\sum_{\gamma,k,G}\frac{\partial(\Omega|\psi^\gamma_{k+G}|^2)}{\partial\eta_{kl}}\frac{\partial(k+G)^2}{\partial\eta_{ij}} + \frac{1}{2}\sum_{\nu,G\neq 0}S^\nu_G\frac{\partial(\Omega\rho_{-G})}{\partial\eta_{kl}}\frac{\partial v^\nu_G}{\partial\eta_{ij}}\right.$$

$$+ \frac{1}{2}\sum_G\frac{\partial(\Omega\rho_{-G})}{\partial\eta_{kl}}\frac{\partial\epsilon^{xc}_G}{\partial\eta_{ij}} + \frac{1}{2}\sum_{\gamma,\nu,k,G,G'}S^\nu_{G-G'}\frac{\partial(\Omega\psi^{*,\gamma}_{k+G}\psi^\gamma_{k+G'})}{\partial\eta_{kl}}\frac{\partial\Delta v^\nu_{k+G,k+G'}}{\partial\eta_{ij}}$$

$$\left.+ \sum_{G\neq 0}\pi\frac{\partial(\Omega^2|\rho_G|^2)}{\partial\eta_{kl}}\frac{\partial(\Omega G^2)^{-1}}{\partial\eta_{ij}} + ...\right) \qquad (D.5)$$

Les points de suspension remplacent les termes que l'on peut obtenir par permutation des couples d'indices (ij) et (kl). Les équations (Eq.D.4) et (Eq.D.5) doivent être évaluées à déformation nulle. Les dérivées des fonctions d'ondes peuvent être obtenues en perturbant les équations de Kohn et Sham [128].

Cette dernière méthode de calcul des c_{IJ} est plus précise car on n'a pas besoin de déformer la maille, ni de calculer l'énergie totale. Néanmoins, elle est assez coûteuse en temps de calcul.

D.5   Perturbation des équations de Kohn-Sham

L'effet des déformations sur la structure de bandes a été étudié par Bir et Pikus à l'aide de la théorie des invariants [128]. Cette approche peut être appliquée pour déduire la dérivée des fonctions d'onde par rapport aux déformations apparaîssant dans l'équation Eq.D.5. L'opérateur de Kohn et Sham pour un électron de valence dans le cristal déformé peut être réécrit sous la forme :

$$H(\eta) = H(0) + \sum_{ij} D_{ij}\eta_{ij} + ... \qquad (D.6)$$

où $D_{ij} = (W_{ij} - p_i p_j)$ est la perturbation du premier ordre des équations de Kohn et Sham. W_{ij} est la dérivée par rapport aux déformations de $W(r)$. p_i est une composante de l'impulsion de l'électron. La théorie habituelle des perturbations peut être appliquée aux équations de Kohn-Sham.

Dans le cas d'une maille avec motif non-primitive, les déplacements internes, dus aux phonons optiques peuvent se coupler aux déformations de la maille et induire des anomalies élastiques. Ces dernières dépendent de la force du couplage, des fréquences de vibration. Nous préciserons ces notions un peu plus loin.

Application

1 Structure diamant, résultats théoriques

Une structure cubique posséde trois constantes élastiques indépendantes [99]. Elles ont été calculées à partir de leurs expressions analytiques :

$$
C_{11} = 4 \sum_{\gamma} \sum_{Q} |\psi_Q^{\gamma}|^2 Q_1^2 + \frac{1}{2} \sum_G{}' \frac{4\pi|\rho_G|^2}{G^2} (3 - \frac{12G_1^2}{G^2} + \frac{8G_1^4}{G^4}) + \sum_G \rho_{-G}(U_G^{xc} - \epsilon_G^{xc} + V_G^{xc})
$$

$$
+ \sum_{\nu} \sum_G{}' \rho_{-G} S_G^{\nu} \left(\frac{\partial^2 v_G^{\nu}}{\partial \eta_{11}^2} \right)_{\eta=0} + \sum_{\gamma} \sum_{\nu} \sum_{Q} \sum_{Q'} \psi_Q^{\gamma} \psi_{Q'}^{\gamma*} S_{Q-Q'}^{\nu} \left(\frac{\partial^2 \Delta v_{Q,Q'}^{\nu}}{\partial \eta_{11}^2} \right)_{\eta=0}
$$

$$
+ \frac{3}{\Omega} \sum_{\nu} \sum_{\mu} \alpha_{\nu} Z_{\mu} + \Lambda_{11}(\frac{Z^2}{a^4}) \tag{D.7}
$$

et celle de C_{12} :

$$
C_{12} = \frac{1}{2} \sum_G{}' \frac{4\pi|\rho_G|^2}{G^2} (1 - \frac{2(G_1^2 + G_2^2)}{G^2} + \frac{8G_1^2 G_2^2}{G^4}) + \sum_G \rho_{-G}(U_G^{xc} + \epsilon_G^{xc} - V_G^{xc})
$$

$$
+ \sum_{\nu} \sum_G{}' \rho_{-G} S_G^{\nu} \left(\frac{\partial^2 v_G^{\nu}}{\partial \eta_{11} \partial \eta_{22}} \right)_{\eta=0} + \sum_{\gamma} \sum_{\nu} \sum_{Q} \sum_{Q'} \psi_Q^{\gamma} \psi_{Q'}^{\gamma*} S_{Q-Q'}^{\nu} \left(\frac{\partial^2 \Delta v_{Q,Q'}^{\nu}}{\partial \eta_{11} \partial \eta_{22}} \right)_{\eta=0}
$$

$$
+ \frac{1}{\Omega} \sum_{\nu} \sum_{\mu} \alpha_{\nu} Z_{\mu} + \Lambda_{12}(\frac{Z^2}{a^4}) \tag{D.8}
$$

C_{44} est constituée de trois parties. Comme pour C_{11} et C_{12}, la première partie s'écrit [65] :

$$
C_{44} = \sum_{\gamma} \sum_{Q} |\psi_Q^{\gamma}|^2 (Q_2^2 + Q_3^2) + \frac{1}{2} \sum_G{}' \frac{4\pi|\rho_G|^2}{G^2} (1 - \frac{2(G_2^2 + G_3^2)}{G^2} + \frac{8G_2^2 G_3^2}{G^4}) - \sum_G \rho_{-G}(\epsilon_G^{xc} - V_G^{xc})
$$

$$
+ \sum_{\nu} \sum_G{}' \rho_{-G} S_G^{\nu} \left(\frac{\partial^2 v_G^{\nu}}{\partial \eta_{23}^2} \right)_{\eta=0} + \sum_{\gamma} \sum_{\nu} \sum_{Q} \sum_{Q'} \psi_Q^{\gamma} \psi_{Q'}^{\gamma*} S_{Q-Q'}^{\nu} \left(\frac{\partial^2 \Delta v_{Q,Q'}^{\nu}}{\partial \eta_{23}^2} \right)_{\eta=0}
$$

$$
+ \frac{1}{\Omega} \sum_{\nu} \sum_{\mu} \alpha_{\nu} Z_{\mu} + \Lambda_{44}(\frac{Z^2}{a^4}) \tag{D.9}
$$

avec $Q = k + G$. La deuxième partie dépend explicitement des dérivées des fonctions d'ondes par rapport aux déformations :

$$+\frac{1}{\Omega}\left[-\frac{1}{2}\sum_\gamma\sum_Q Q_2 Q_3 \left(\frac{\partial(\Omega|\psi_Q^\gamma|^2)}{\partial\eta_{23}}\right)_{\eta=0} + \frac{1}{2}{\sum_G}'\sum_\nu S_G^\nu \left(\frac{\partial(\Omega\rho_{-G})}{\partial\eta_{23}}\right)_{\eta=0}\left(\frac{\partial v_G^\nu}{\partial\eta_{23}}\right)_{\eta=0}\right.$$

$$\left.+\frac{1}{2}\sum_\gamma\sum_\nu\sum_Q\sum_{Q'} S_{Q-Q'}^\nu \left(\frac{\partial(\Omega\psi_Q^\gamma\psi_{Q'}^{\gamma*})}{\partial\eta_{23}}\right)_{\eta=0}\left(\frac{\partial\Delta v_{Q,Q'}^\nu}{\partial\eta_{23}}\right)_{\eta=0} + {\sum_G}'\frac{2\pi G_2 G_3}{G^4}\left(\frac{\partial(\Omega^2|\rho_G|^2)}{\partial\eta_{23}}\right)_{\eta=}\right.$$

$$\tag{D.10}$$

Les dérivées des fonctions d'ondes peuvent être déduites par perturbation des équations de Kohn et Sham. Nous négligerons l'effet de la structure de bandes sur les constantes. Ceci revient à considérer un seul point spécial, $k = 0$. Le groupe du vecteur d'onde est O_h et les fonctions d'ondes des électrons de valence sont de symétrie A_{1g} et T_{2g}. Dans l'espace réel, la dérivée de la fonction d'onde de symétrie A_{1g} est donnée par :

$$\frac{\partial\psi_{A_{1g}}(r)}{\partial\eta_{23}} = -\sum_\beta \frac{<\psi_{T_{2g}}^\beta|D_{23}|\psi_{A_{1g}}>}{\epsilon_{T_{2g}}-\epsilon_{A_{1g}}}\psi_{T_{2g}}^\beta(r) \tag{D.11}$$

et la dérivée de la fonction d'onde de symétrie T_{2g} est :

$$\frac{\partial\psi_{T_{2g}}^\gamma(r)}{\partial\eta_{23}} = \sum_\beta \frac{K_{\gamma\beta}<\psi_{A_{1g}}|D_{23}|\psi_{T_{2g}}^\beta>}{\epsilon_{T_{2g}}-\epsilon_{A_{1g}}}\psi_{A_{1g}}(r) \tag{D.12}$$

où β et γ sont des indices indiquant la dégénérescence triple des fonctions d'ondes de symétrie T_{2g}. $\epsilon_{T_{2g}}$ et $\epsilon_{A_{1g}}$ sont les niveaux d'énergie des états électroniques. $K_{\gamma\beta}$ sont les vecteurs propres de la matrice $M_{\gamma\beta} = \sum_{ij} <\psi^\gamma|D_{ij}|\psi^\beta>\eta_{ij}$. Les composantes de l'opérateur D et du tenseur des déformations η ont même symétrie. Pour la structure diamant, les règles de sélection des éléments de matrice montrent que seule la composante D_{23} peut coupler les deux états électroniques. En conséquence, la partie de C_{ijkl} qui dépend des dérivées des fonctions d'ondes et de la charge, contribuent seulement à C_{44}. Le système d'équations (Eq.D.11 - Eq.D.12) peut être Fourier-transformé et résolu itérativement. Sa singularité peut être levée grace à la condition de normalisation : $<\partial\psi^\alpha/\partial\eta_{23}|\psi^\alpha> = 0$ et $\partial\rho/\partial\eta_{23} = 0$. Ici α est un indice pour les fonctions d'onde de symétrie A_{1g} ou T_{2g}.

La troisième partie de C_{44} est due au couplage linéaire $g e_I u_j$ entre le déplacement interne $u_j (j = 1 - 3)$ et les déformations de la maille $e_I (I = 4 - 6)$ de même symétrie Γ'_{25}, où g est la constante de couplage.

	C_{11}	C_{12}	C_{44}
E_{kin}	8.774	0.000	4.387
E_{ei}	4.443	0.896	0.896
E_H	0.019	0.075	0.075
E_{xc}	-1.524	-0.218	-0.653
E_{Ew}	-10.059	0.100	0.100
ΔC_{44}			-3.919
Calc.	1.654	0.853	0.886
Expt.	1.677	0.649	0.803

TABLE D.1 – *Contribution des différents termes d'énergie aux constantes élastiques C_{IJ} du silicium, en unités $10^{12}/cm^2$.*

2 Fréquence du mode optique, coefficient de couplage entre phonons optique et acoustique

Le couplage en question conduit à une réduction de la constante C_{44}^0 :

$$C_{44} = C_{44}^0 - \frac{g^2}{m\omega_\Gamma^2} \tag{D.13}$$

où m est la masse effective du mode optique associé au déplacement relative des deux sous-réseaux et $\omega_\Gamma/2\pi$ sa fréquence :

$$m\omega_\Gamma^2 = \Omega_o^{-1}\partial^2(E_{ei}+E_{Ew})/\partial\xi_1^2 = \frac{\pi Z_\nu}{\Omega}\sum_G{}' \rho_{-G}G_1^2\Re eS_G^\nu\sum_r(\frac{c_r^{core}}{\alpha_r^{core}})\phi_0(\frac{G^2}{4\alpha_r^{core}})$$

$$-\frac{4\pi}{\Omega}\sum_{G,\,Q\,Q'}\rho_{-G}\delta_{G,\,Q-Q'}G_1^2\Re eS_G^\nu\sum_L(2L+1)P_L(y)\Delta F_L(Q,\,Q') + (\frac{Z_\nu^2}{a^3})\Xi_{ijkl} \quad \text{(D.14)}$$

Le coefficient de couplage g est donné par :

$$2g = \Omega_o^{-1}\partial^2(E_{ei}+E_{Ew})/\partial\eta_{23}\partial\xi_1 = \frac{\pi Z_\nu}{4\Omega}\sum_G{}' \rho_{-G}G_1G_2G_3\Im mS_G^\nu\sum_r\frac{c_r^{core}}{(\alpha_r^{core})^2}\phi_1(\frac{G^2}{4\alpha_r^{core}})$$

$$-\frac{4\pi}{\Omega}\sum_{G,\,Q,\,Q'}\rho_{-G}\delta_{G,\,Q-Q'}G_1\Im mS_G^\nu\sum_L(2L+1)\frac{\partial(P_L(y)\Delta F_L(Q,Q'))}{\partial e_{23}} + (\frac{Z_\nu^2}{a^5})\Pi_{ijkl}$$

$$\text{(D.15)}$$

E_{ei} est l'énergie d'interaction ion-électron, $E_{E\omega}$ est l'énergie d'Ewald et E_{kin} l'énergie cinétique des électrons, supposés indépendants. Nous avons posé : $\xi = Ju$.

3 Paramètre de Kleinman

Le paramètre interne de Kleinman $\zeta = \frac{4g}{m\omega_\Gamma^2 a}$ peut être déduit des expressions données ci-dessus.

Matériau	$\nu(Thz)$	g $(10^{-2}a.u.)$	ζ
Silicium	15.56 (15,68)	0.39	0.72 (0.73)

TABLE D.2 – ν, g et ζ sont respectivement, les fréquences des modes optiques, leurs coefficients de couplage avec les modes acoustiques transverses et les paramètres de Kleinman.

4 Module d'incompressibilité

On peut déduire des équations (Eq.D.7 - Eq.D.8) le module d'incompressibilité $B = (C_{11} + 2C_{12})/3$.

5 Modules de cisaillement

Le diamant, qui cristallise dans une structure cubique, possède trois constantes de cisaillement. Au système de glissement $< 1\bar{1}0 > \{110\}$ est associée la constante $G_1 = (c_{11} - c_{12})/2$. $< hkl >$ est la direction de glissement et $\{uvw\}$ le plan de glissement. La constante de cisaillement $G_2 = c_{44}$ est commune à trois systèmes de glissement : $< 100 > \{001\}$, $< 110 > \{001\}$ et $< 001 > \{110\}$. La troisième constante de cisaillement

$$G_3^{-1} = (1/3)(2G_1^{-1} + G_2^{-1}) \tag{D.16}$$

est associée au système de glissement primaire $< 1\bar{1}0 > \{111\}$ et à trois autres systèmes secondaires : $< 111 > \{1\bar{1}0\}$, $< 111 > \{11\bar{2}\}$ et $< 111 > \{12\bar{3}\}$.

D.6   Moyenne de Reuss-Voigt-Hill

Dans la pratique, pour éviter de calculer les différentes constantes de cisaillement associées au mouvement des dislocations, on suppose que le matériau est isotrope et on calcule l'unique constante de cisaillement. A cette fin, on utilise le plus souvent la moyenne de Hill [129] :

$$G_{Hill} = \frac{1}{2}[G_{Voigt} + G_{Reuss}] \tag{D.17}$$

avec :

$$G_{Voigt} = \frac{1}{30}[5(C_{11} - C_{12}) + 2(C_{11} + C_{33} - 2C_{13}) + 12C_{44}] \tag{D.18}$$

et

$$G_{Reuss} = \frac{5}{2} \frac{C_{44}C_{66}}{MC_{44}C_{66} + (C_{44} + C_{66})} \tag{D.19}$$

où $M = C_{11} + C_{12} + 2C_{33} - 4C_{13}$ et $C_{66} = \frac{1}{2}(C_{11} - C_{12})$

Pour résumer cette partie du texte, nous avons utilisé une approche pour calculer les propriétés élastiques du solide dans le cadre de la DFT. Les constantes élastiques, les modules d'incompressibilité et de cisaillement, les constantes de force, les coefficients de couplage entre phonons et le paramètre de Kleinman font partie des quantités physiques qui peuvent être déduites de leurs expressions analytiques, établies par simple dérivation de l'énergie totale.

D.7   Équations d'état

L'équation d'état du solide a une grande importance en science des matériaux. Elle permet de déterminer les paramètres de maille, le volume à l'équilibre V_0, le module d'incompressibilité B_o et sa dérivée par rapport à la pression B'_o. L'équation d'état est utilisée essentiellement pour prédire les phases hautes pressions. On présente dans la suite les équations d'état le plus utilisées dans la littérature. La comparaison des résultats des différentes équations d'état prouve qu'il y a une légère différence entre les équations. Cette différence est due a l'ajustement de quelques paramètres ainsi qu'aux propriétés structurales du cristal étudié.

1 Équation d'état de Murnaghan :

L'équation d'état proposée par Murnaghan *et al.* est la forme la plus simple [100] :

$$E(V) \; = \; \frac{B_o V_o}{B'_o}\left[\frac{1}{B'_o}\left(\frac{V_o}{V}\right)^{B'_o-1} + \frac{V}{V_o} - \frac{B'_o}{B'_o-1}\right] + E_{coh} \qquad (D.20)$$

E_{coh} est l'énergie de cohésion du cristal.

La pression est donnée par, $P(V) = -\partial E(V)/\partial V$, l'équation de Murnaghan est devenue :

$$P(V) \; = \; \frac{B_o}{B'_o}\left(\left(\frac{V_o}{V}\right)^{B'_o} - 1\right) \qquad (D.21)$$

Le module d'incompressibilité est exprimé par la relation, $B(V) = -V(\partial P/\partial V)$, d'où l'équation qui relie le module d'incompressibilité B au volume V :

$$B(V) \;=\; B_o \left(\frac{V_o}{V} \right)^{B'_o} \tag{D.22}$$

2 Équation d'état de Birch-Murnaghan :

Cette équation est basée sur un développement limité du module d'incompressibilité B ce qui limite l'utilisation de cette équation dans le domaine des faibles pressions. L'énergie est liée au module d'incompressibilité B et au volume V par la relation :

$$
\begin{aligned}
E(V) \;=\;& E(V_o) + \frac{9}{8} V_o \mathrm{B} \left[(\frac{V_o}{V})^{\frac{2}{3}} - 1 \right]^2 \\
& + \frac{9}{16} B(B'-4) V_o \left[(\frac{V_o}{V})^{\frac{2}{3}} - 1 \right]^3 + \sum_{n=1}^{N} \gamma_n \left[(\frac{V_o}{V})^{\frac{2}{3}} - 1 \right]^n
\end{aligned}
\tag{D.23}
$$

où, E_o, V_o, B et B' sont respectivement l'énergie et le volume à l'équilibre, le module d'incompressibilité et sa dérivée par rapport à la pression P. γ_n est le terme de contraction [101].

3 Équation d'état de Vinet :

L'équation d'état de Vinet *et al.* [51] est plus universelle. Elle est utilisée pour les solides et les gaz rares.

$$E(\eta) \;=\; E_o + \frac{2B_o V_o}{(B'_o - 1)^2} \left(2 - (5 + 3B'_o(\eta-1) - 3\eta) \, e^{-3(B'_o-1)(\eta-1)/2} \right) \tag{D.24}$$

avec :

$$\eta \;=\; \left(\frac{V}{V_o} \right)^{\frac{1}{3}} \tag{D.25}$$

La relation entre la pression et le volume s'écrit :

$$P(V) \;=\; \left[3B_o \frac{1-x}{x^2} \right] exp[\eta(1-x)] \tag{D.26}$$

avec $\eta = \frac{3}{2(B'_o - 1)}$ et $x = (\frac{V}{V_o})^{\frac{1}{3}}$

4 Équation d'état de Poirier-Tarantola :

L'équation de Poirier-Tarantola est bien adaptée aux pressions élevées. Elle est surtout utilisée par les géophysiciens [52].

$$E(\varrho) \;\; = \;\; E_o + \frac{B_o V_o \varrho^2}{6}(3 + \varrho(B'_o - 2)) \tag{D.27}$$

Où $\eta = \left(\frac{V}{V_o}\right)^{\frac{1}{3}}$ et $\varrho = -3Ln(\eta)$. V_o, B_o, B_o et E_o, sont les paramètres d'ajustement.

Bibliographie

[1] J.M. Léger, J. Haines, A. Altair, J.P. Petitet, M. Schmidt, Nature, 383, 401 (1996).

[2] L.S. Dubrowinsky, N.A. Dubrovinskaia, V. Swamy, J. Muscat, N.M. Harrison, R. Ahuja, B. Holm, B. Johansson, Nature, 410, 654 (2001).

[3] J.S. Koehler, Phys. Rev. B, 2, 547 (1970).

[4] S. Veprek, A. Niederhofer, K. Moto, T. Bolom, H. -D. Männling, P. Nesladek, G. Dollinger, A. Bergmaier, Surf. Coat. Techno., 133, 152 (2000).

[5] Marvin L. Cohen, Phys. Rev. B 32, 7988 (1985).

[6] S. M. Stishov, S. V. Popova, Goekhimiya 10, 923 (1961).

[7] P. S. DeCarli, J. C. Jamieson, Science 133, 1821 (1961).

[8] M. Nunez Regueiro, P. Monceau, J. L. Hodeau , Nature 355, 237 (1992).

[9] T. Soma, S. Sawaoka, S. Saito, Mater. Res. Bull. 9, 755 (1974).

[10] I. N. Sneddon, Int. J. Engen. Sci. 3, 47 (1965).

[11] A. N. Stroh, Philos. Mag. 3, 625 (1958).
A. N. Stroh, J. Math. Phys. 41, 77 (1962).

[12] J. R. Willis, J. Mech. Phys. Solids 14, 163 (1966).

[13] D. M. Barnett, J. Lothe, Phys. Norv. 8, 13 (1975).

[14] G. W. Farnell, *Physical Acoustics* 6, 109 (Academic Press, N. Y., 1970).

[15] R. N. Thurston, K. Brugger, Phys. Rev. 133, A1604 (1964).

[16] L. D. Landau, E. M. Lifshits, *Théorie de l'élasticité* (Mir, Moscou, 1967).

[17] H. Cynn, J. E. Klepeis, C. S. Yoo, D. A. Young, Phys. Rev. Lett. 88, 135701 (2002).

[18] T. Kenichi, Phys. Rev. B 70, 012101 (2004).

[19] K. D. Joshi, G. Jyoti, S. C. Gupta, *High Pressure Research*, 23, 4, 403 (2003).

[20] F. Occelli, D. L. Farber, J. Badro, C. M. Aracne, D. M. Teter, M. Hanfland, B. Canny, B. Couzinet, Phys. Rev. Lett. 93, 095502 (2004).

[21] L. Stuparević, D. Zivković, J. of Thermal and Analysis and Calorimetry, vol. 76, 975 (2004).

[22] R. W. Cumberland, M. B. Weiberger, J. J. Gilman, S. M. Clark, S. H. Tolbert, R. B. Kaner, J. Am. Chem. Soc. 127, 7264 (2005).

[23] H. Moissan, Cr Acad. Sci., Paris, 142, 189 (1906).

[24] Charles P. Kempter, M. R. Nadler, J. Chem. Phys. 32, 1477 (1960).

[25] W. C. Oliver, G. M. Pharr, J. Mater. Res. 7, 1562 (1992).

[26] J. L. Loubet, J. M. Georges, O. Marchesini, G. Meille, J. of Tribology 106, 43 (1984).

[27] M. F. Doerner, W. D. Nix, J. Mater. Res. 1, 601 (1986).

[28] M. Hebbache, M. Zemzemi, Phys. Rev. B 67, 233302 (2003).

[29] M. Hebbache, Phys. Rev. B 68, 125310 (2003).

[30] http ://www.onera.fr/dmsc/microindentation/

[31] I. N. Sneddon, *The use of integral transforms* (McGraw-Hill, N.Y., 1972).

[32] J. S. Williams, Y. Chen, J. Wong-Leung, A. Kerr, M. V. Swain, J. Mater. Res. 14, 6, 2338 (1999).

[?] S. Wolfram, *Mathematica : A System for Doing Mathematics by Computer* (Addison-Wesley, Redwood City, CA, 1991).

[33] H. J. McSkimin, P. Andreatch Jr., J. Appl. Phys. 35, 3312 (1964) ;
H. J. McSkimin, P. Andreatch Jr., J. Appl. Phys. 43, 2944 (1972).

[34] J. J. Hall, Phys. Rev. 161, 756 (1967).

[35] M. H. Grimsditch, E. Anastassakis, M. Cardona, Phys. Rev. B 18, 901 (1978).

[36] C. S. G. Cousins, L. Gerward, J. Staun Olsen, B. Selsmark, B. J. Sheldon, J. Phys. C 20, 29 (1987).

[37] D. Gerlich, J. Appl. Phys. 77, 4373 (1995).

[38] O. H. Nielsen, R. M. Martin, Phys. Rev. B 32, 3792 (1985).

[39] O. H. Prasad, M. Suryanarayana, Phys. Stat. Sol. (b) 112, 627 (1982).

[40] O. H. Nielsen, Phys. Rev. B 34, 5808 (1986).

[41] T. Suzuki, B. B. Chick, C. Elbaum, Appl. Phys. Lett. 7, 2 (1965).

[42] N. A. Gorgunova *et al.*, *Physics of III-V Compound; Semiconductors and Semimetals* (Academic Press, San Diego, 1968), vol. 1.

[43] M. J. P. Musgrave, J. A. Pople, J. Phys. Chem. Solids 23, 321 (1962).

[44] M. I. MacMahon, R. J. Nelmes, Phys. Rev. B 47, 8337 (1993).

[45] D. C. Wallace, *Solid State Physics* (Academic Press, N. Y., 1970), vol. 25.

[46] J. Friedel, C. M. Sayers, J. Phys. (France) 38, 697 (1977).

[47] M. Bockstedte, A. Kley, Joerg Neugebauer, M. Scheffler, Comput. Phys. Comm. 107, 187 (1997) ;
M. Fuchs, M. Scheffler, Comput. Phys. Commun. 119, 67 (1999).

[48] P. Bernier, S. Lefrant, *Le carbone dans tous ses états* (Gordon and Breach, Amsterdam, 1997).

[49] J. R. Chelikowsky, S. G. Louie, Phys. Rev. B 29, 3470 (1984).

[50] R. Biswas, R. M. Martin, R. J. Needs, O. H. Nielsen, Phys. Rev. B 35, 9559 (1987).

[51] P. Vinet, J. Ferrante, J. R. Smith, J. H. Rose, J. Phys. C 19, 467 (1986).

[52] J. P. Poirier, A. Tarantola, Phys. Earth. Planet. Inter. 109, 1 (1998).

[53] F. Birch, Phys. Rev. 71, 809 (1947).

[54] J. C. Grossman, A. M. Michel Côté, Marvin L. Cohen, S. G. Louie, Phys. Rev. B 60, 6343 (1998).

[55] C. Kittel, *Physique de l'état solide* (Dunod, Paris, 1983).

[56] Y. C. Zho, F. Porsch, W. B. Holzapfel, Phys. Rev. B 54, 9715 (1996).

[57] H. Xia, G. Parthasarathy, H. Luo, Y. K. Vohra, A. L. Ruoff, Phys. Rev. B 42, 6736 (1990).

[58] Y. K. Vohra, H. Olijnyk, W. Gosshans, W. B. Holzapfel, Phys. Rev. Lett. 47, 1065 (1981).

[59] H. Xia, A. L. Ruoff, Y. K. Vohra, Phys. Rev. B 44, 10374 (1991).

[60] T. Kruger, B. Merkau, W. A. Großhans, W. B. Hopzapfel, High Press. Res. 2, 193 (1990).

[61] M. Hebbache, M. Zemzemi, Phys. Rev. B 70, 224107 (2004).

[62] J. M. Wills, Lars Fast, O. Eriksson, Börje Johansson, Phys. Rev. B 51, 17431 (1995).

[63] D. M. Teter, MRS bull. 23, 22 (1998).

[64] A. Taylor, N. J. Doyle, B. J. Kaglè, J. Less-Common Met. 4, 436 (1962).

[65] M. Hebbache, Can. J. Phys. 75, 453 (1997) ;
M. Hebbache, Solid. State Commun. 113, 427 (2000).

[66] B. Aronsson, T. Lundström, S. Rundqvist, *Borides, Silicides and Phosphides* (Wiley, London, 1965).

[67] J. H. Beddery, A. J. Welch, Nature 167, 362 (1951).

[68] Charles P. Kempter, R. J. Fries, J. Chem. Phys. 34, 1994 (1960).

[69] D. Vanderbilt, S. H. Taole, S. Narasimhan, Phys. Rev. B 40, 5657 (1989).

[70] P. Mohn, D.G. Pettifor, J. Phys. C : Solid State Phys. 21, 2829 (1988).

[71] W. Kohn, L. J. Sham, Phys. Rev. 140, A1133 (1965) ;
    P. Hohenberg, W. Kohn, Phys. Rev. 136, B864 (1964).

[72] G. B. Bachelet, D. R. Hamann, M. Schluter, Phys. Rev. B 26, 4199 (1982) ;
    D. R. Hamann, Phys. Rev. B 40, 2980 (1989).

[73] J. P. Perdew, K. Burke, M. Ernzerhof, Phys. Rev. Lett. 77, 3865 (1996).

[74] M. J. Monkhorst, J. D. Pack, Phys. Rev. B 13, 5188 (1976).

[75] CRC *Materials Science and Engineering Handbook*, 3rd Ed. (CRC Press, N. Y., 2001).

[76] M. Grimsditch, E. S. Zouboulis, A. Polain, J. Appl. Phys. 76, 832 (1994).

[77] M. L. Cohen, V. Heine, *Solid State Physics*, vol. 24, 37, (1970).

[78] H. Holleck, J. Vac. Sci. technol. A 4, 2661 (1986).

[79] W. G. Moffatt, *Binary Phase Diagrams Handbook* (General Electric Comp., N.Y. 1984).

[80] http ://cst-www.nrl.navy.mil/

[81] B. Jeantet, A. G. Knapton, Plansee Ber. Pulvermetall. 12, 12, (1964) ;

[82] E. Raub, G. Falkenburg, Z. Metallkde. 55, 186 (1964).

[83] Jin-Cheng Zheng, Phys. Rev. B 72, 052105 (2005).

[84] L. E. Toth, *Transition Metal Carbides and Nitrides* (Academic, N. Y., 1971).

[85] R. Riedel, *Handbook of Ceramic hard Materials* (Wiley, Weinheim, 2000).

[86] A. F. Guillermet, J. Haglund, G. Grimvall, Phys. Rev. B 48, 11673 (1993).

[87] Y. Sirotine, M. Chaskolskaïa, O. Partchevski, *Fondements de la Physique des Cristaux* (Mir, Moscou, 1984).

[88] A. Kelly, N.H. Macmillan,*Strong Solids* (Clarendon Press, Oxford, 1986).

[89] Seung-Hoon Jhi, Jisoon, Steven G. Louie, Marvin L. Cohen, Nature 399, 132 (1999).

[90] A. P. Gerk, J. Mater. Sci. 12, 735 (1977).

[91] J. Häglund, A. Fernández Guillermet, G. Grimvall, M. Körling, Phys. Rev. B 48, 11685 (1993).

[92] C.M. Sung, M. Sung, Mater. Chem. Phys. 43, 1 (1996).

[93] A. Szymanski, J.M. Szymanski, *Hardness Estimation of Minerals, Rocks and Ceramics Materials* (Elsevier, Amsterdam, 1989).

[94] Les mesures de dureté, *Magazine de l'instrumentation et des automatismes industriels*, vol. 593 (1988).

[95] W. D. Callister, *Materials Science and Engineering* (J. Wiley, N. Y., 1994).

[96] S. Vepreck, J. Vac. Sci. Technol. A 17, 2401 (1999).

[97] Amy Y. Liu, R. M. Wentzovitch, Marvin L. Cohen, Phys. Rev. B 38, 9483 (1988).

[98] John J. Gilman, Mat. Sc. Eng. A 209, 74 (1996).

[99] J. F. Nye, *Physical properties of crystals : their representation by tensors and matrices* (Clarendon Press, Oxford, 1957).

[100] F. D. Murnaghan, Proc. Nat. Acad. Sci. USA 30, 244 (1944).

[101] G. R. Barsch, Z. P. Chang, J. Appl. Phys. 39, 7, 3276 (1968).

[102] R. Grover, I. C. Getting, G. C. Kennedy, Phys. Rev. B 7, 567 (1973).

[103] Stan Vepreck, Ali S. Argon, *Int. Conf. on Metalurgical Coatings and Thin Films*, San Diego Avril 2001.

[104] D. François, A. Pineau, A. Zaoui, *Comportement mécanique des matériaux* (Hermes, Paris, 1995).

[105] R. B. King, Int. J. of solids and structures 23, 12, 1657 (1987).

[106] K. L. Johnson, K. Kendall, A. D. Roberts, Proc. R. Soc. Lond. A 324, 301 (1971).

[107] K. L. Johnson, *Contact Mechanics* (University Press, Cambridge, 1985).

[108] B. V. Derjaguin, V. M. Muller, Y. P. Toporov, J. Colloid. Interface Sci. 53, 314 (1975).

[109] R. G. Parr, W. Yang, *Density Functional Theory of Atoms and Molecules* (Oxford University Press, N. Y., 1989).

[110] J. P. Perdew, A. Zunger, Phys. Rev. B 23, 5048 (1981).

[111] J. P. Perdew, Phys. Rev. B 33, 8822 (1986) ;
A. D. Becke, Phys. Rev. A 38, 3098 (1988).

[112] L Hedin, B. I. Lundqvist, J. Phys. C : Solid State Phys. 4, 2064 (1971).

[113] D. M. Ceperley, B. J. Alder, Phys. Rev. Lett. 45 (7), 566 (1980).

[114] W. M. Temmerman, Z. Szotek, H. Winter, Phys. Rev. B 47, 11533 (1993).

[115] V. J. Anisimov, J. Zaanen, O. K. Andersen, Phys. Rev. B 44, 943 (1991).

[116] W. A. Harrison, *Pseudopotentials in the theory of metals* (W. A. Benjamin, N. Y., 1966).

[117] N. Troullier, J. L. Martins, Phys. Rev. B 43, 1993 (1991).

[118] M. C. Payne, M. P. Teter, J. D. Jouannopoulos, Rev. Mod. Phys. 64, 1045 (1992).

[119] M. C. Payne, J. D. Joannopoulos, D. C. Allan, M. P. Teter, D. H. Vanderbilt, Phys. Rev. Lett. 56, 2656 (1986).

[120] A. Williams, J. Solar, Bull. Am. Phys. Soc. 32, 562 (1987).

[121] R. Car, M. Parrinello, Phys. Rev. Lett. 55, 2471 (1985).

[122] L. Verlet, Phys. Rev. 159, 98 (1967).

[123] O. H. Nielsen, R. M. Martin, Phys. Rev. Lett. 50, 697 (1983).

[124] J. Ihm, A. Zunger, M. L. Cohen, J. Phys. C 12, 4409 (1979).

[125] S. Baroni, P. Gianozzi, A. Testa, Phys. Rev. Lett. 59, 2662 (1987).

[126] D. R. Hamann, Xifan Wu, Karin M. Rabe, David Vanderbilt, Phys. Rev. B 71, 035117 (2005).

[127] http ://www.abinit.org/

[128] G.L. Bir, G.E. Pikus, *Symmetry and Strain-induced Effects in Semiconductors* (Wiley, N. Y., 1974).

[129] A. Reuss, Z. angew. Math. und Mech. 9, 49 (1929).

Liste des tableaux

Table des figures

Printed by Books on Demand GmbH, Norderstedt / Germany